翻轉學

翻轉學

翻轉學

翻轉學

The Amazon Way

1日のタスクが1時間で片づく アマゾンのスピード仕事術

1小時做完1天工作，亞馬遜怎麼辦到的？

亞馬遜創始主管公開內部超效解決問題、效率翻倍的速度加乘工作法

佐藤將之——著　鍾嘉惠——譯

目錄

第2章 亞馬遜成就霸業的時間管理

第3章 亞馬遜的數值化有什麼不一樣？

好評推薦

「你知道亞馬遜跟豐田的共同點在哪嗎？以顧客滿意及速度為優先，用數字管理並持續改善。看完這本書，你會發現簡單的道理只要堅持去做，就有機會成為世界級的企業。」

——江守智，《豐田精實管理的翻轉獲利秘密》作者&企業顧問

「市場變化劇烈的時代，每個人都知道要加速，但效率並不是快速就好、更需要成效。作者將日本亞馬遜的管理心法重點摘要成本書，推薦給組織已達成PMF（產品市場契合）卻沒有太多管理經營的主管，與正在努力與市場拚搏、數位轉型的你！」

——周振驊，燒賣研究所笑長

前言
化不可能為可能，關鍵在「速度」

我想，拿起本書的多數讀者應該都很清楚「Amazon Prime」這項服務。就是年繳三千九百日元（含稅），或月繳四百日元（含稅）加入會員後，即可享有迅速、便利的送貨服務，並能免費利用「Prime Video」、「Prime Music」等數位影音服務的專案。

亞馬遜的配送優惠中有一項「當日到貨服務」，就是「訂貨當天商品即會送達」的服務。

也有「Amazon Prime Now」的配送優惠，即「訂購商品最快一小時內就會送達」，但送貨區域限東京都、神奈川縣、千葉縣、大阪府及兵庫縣（截至二〇一八年八月）。

甚至還有「Amazon Dash Button」的服務。只要取得押下一個鍵即可訂購特定商品的裝置，以後只要按下那個鍵，不必透過個人電腦或手機連上「Amazon.co.jp」，即可訂購商品。

亞馬遜登陸日本，使得日本零售業的品質急劇提升已是不爭的事實。其中，從「想要某項商品」到「收到商品」的時間快速縮短，尤其驚人。明明不久之前「隔日到貨」還是理所當然的事，然而現在「當日到貨」及「最快一小時到貨」已不稀奇，甚至連購買時的手續都開始無止境地簡化。

可想而知，像「Prime Now」和「Dash Button」這類以「驚人」速度為傲的服務，若沒有一個以「驚人」的速度處理業務的組織，不可能做到。

也就是說，亞馬遜網站可以「為顧客提供商品服務的速度」一直持續加速，在此之前，亞馬遜這個組織的工作速度就已是持續加速的狀態了。

★亞馬遜的速度感：像是邊奔馳邊修理的F1賽車

那麼，亞馬遜的速度感到底是怎樣的感覺呢？

我以前的直屬主管，現任日本亞馬遜社長傑夫·林田（Jeff Hayashida），面對「亞馬遜是一家什麼樣的公司？」的提問時，經常說的一句話，直截了當地表現出那種速度感。

「亞馬遜是一家駕著F1邊奔馳邊修理，同時將引擎調整到最佳狀態的公司。」

每次在一旁聽到這句話，我都覺得「沒有一句話能如此精準形容亞馬遜的特色」。

首先，亞馬遜所追求的速度感不是高速公路那種等級，而是環狀賽車道的等級。可是在做任何改變時不會停下來。如果是一般的F1賽車，換輪胎時都會駛進後勤維修補給區停車。然而在亞馬遜是讓車子繼續在環狀跑道上跑，就這樣直接換輪胎。

而且換好輪胎後還會進一步加速。原本是時速兩百五十公里，換完輪胎後調成時速三百公里，就像這樣的感覺。

日本亞馬遜於二〇〇〇年成立時，我是第十七個進公司的員工，到二〇一六年為止，大約十五年間主要擔任營運部門的主管，一直在內部看著亞馬遜的快速成長。

現在，我則擔任經營顧問，協助各式各樣的企業成長。就這樣，我現在的立場能夠客觀地比較亞馬遜和其他公司，於是重新認識這些在背後支撐著亞馬遜飛躍性成長的基本思維和優秀制度。

因此在本書中，我想試著從「速度」的觀點，分析亞馬遜為何能夠快速成長。

不過身為本書作者，若只是讓讀者領會到「原來亞馬遜是這樣啊！」並不能算是達成目的。

讓讀者接觸到亞馬遜的工作術，並心生「原來有這樣的思維方式和行動的方法啊，從明天起我也要實踐看看」的念頭，願意當作自己的事看待並加以採用，這才是本書的目的。我在寫作過程中一直把這樣的想像放在心上，盡可能寫得更詳細。

★未來的工作方式：「顧客」×「速度」

那麼，為什麼本書的關鍵詞是「速度」呢？

那是因為搭配上另一個重要的關鍵詞後，就會一目了然這是只有亞馬遜才發展得出來的工作術。

而且，這工作術不會只屬於亞馬遜，它將會成為未來工作方式的楷模。

那麼，要與「速度」搭配的另一個關鍵詞是什麼呢？

就是「提升顧客滿意度」。

我會在第一章裡詳細說明，亞馬遜有一句話：「由顧客決定！」（Customers Rule），對亞馬遜來說，「提升顧客滿意度」是唯一目的，沒有例外。

為了提升顧客滿意度，「速度」就成了非常有效的手段。能夠快速買到商品、讓商品快速送達、率先體驗創新服務……速度帶給顧客的感動不可估量。除此之外，並穩健地不斷充實有助於提升顧客滿意度的原理、原則和制度。

換句話說，就是形成這樣的關係——

「顧客滿意度的提升」（唯一目的）

▲

「速度」（有效的手段之一）

反過來看，這同時意謂著，亞馬遜絕不會進行無法提升顧客滿意度的業務或作業。

「主管是那種喜歡人家在截止前提出的人，所以得早點把企畫書交出去。」

「未完成也沒關係，在被超前之前先發布，給對手公司一個下馬威！」

「是公司下達的，反正就盡量在不加班的情況下把工作做完吧！」

在亞馬遜絕對不會被要求提升弄錯對象、迷失本來目的的效率。

因此，了解亞馬遜的思維方式＝和內部工作的人的行動方法後，將一部分拿來用在面對「為誰、為何而工作」、「該如何提高生產力」、「怎麼樣才能讓每天的工作變得有創意？」這類問題時，是不是就能得到各種啟發呢？

★在AI時代存活，速度是工作人的基本功

追求有助於提升顧客滿意度的「基本速度」能得到的好處有很多。

首先，工作延遲、往後推的情況應該會驟減。

比方說，假設你想到一個革新服務的點子，如果知道那項服務對顧客一定有利，就會想要盡快啟動專案。

與此同時，目前工作的徒勞無益之處也會漸漸「可視化」。

事實上，要開啟一項對顧客有益的新服務，會需要各種事前準備和驗證。**而為了保有更多「為顧客做準備和驗證的時間」，就需要極力削減「對顧客無益的時間」**。

更甚的是，能夠對工作永遠保有幹勁。

「對顧客來說，愈快愈好」的觀念已在亞馬遜扎根。舉個例子，有人坐在客廳的沙發上，邊看電視邊想著：「啊，好想喝汽水。」亞馬遜認為，這時最理想的狀況是「在顧客這麼想的瞬間，就能把汽水送到顧客面前的茶几上」。為什麼呢？因為人的欲望就是這麼回事。

因此，對亞馬遜來說，「最快一小時到貨」仍然是「距離理想還很遙遠的狀態」。即使是三十分鐘後送達、十分鐘後送達，離理想也很遠。

亞馬遜在職期間，我與同事常聊到「傑夫・貝佐斯（Jeff Bezos）的理想大概是『打造瞬間傳送物質的裝置』吧」這類的話題。想要的瞬間，那樣東西就會出現在眼前，我想創業者兼 CEO 的傑夫・貝佐斯是認真以此為目標邁進。

像這樣「追求有助於提升顧客滿意度的速度」的並非只有亞馬遜。

「能不能早一點給客戶報價單？」

「能不能早一點解決客戶的困擾？」

「能不能早一點交貨給客戶？」

諸如此類，這是不分行業，只要是在工作的人，都被迫要追求的課題。而且這課題沒有所謂「這樣就ＯＫ了」的終點。因此，具備「為了顧客，盡可能快」的意識，便可讓人對工作永遠保有熱情。

聽到「快速工作術」的說法，也許有人會產生「趕快把討厭的工作解決掉」的印象。不過，本書中的「快速工作術」並不帶有那樣消極的意義。

我想傳達的是「追求使顧客滿意度提升的基本速度」，與「提升工作上的充實感、生產力、創造性」息息相關。而且我相信那充實感、生產力和創造性中隱含了一些線索，能幫助我們在必將到來的ＡＩ時代中生存下去。

若能聽到看完本書的讀者有**「這下，感覺明天起工作會變得很有趣」**的感想，身為作者，我會感到很開心。

第1章

★★★★★

為什麼亞馬遜堅持追求「速度」？

01 不斷讓顧客滿意

假使要選出一個亞馬遜最重視的語詞，應該就是「Customer」（顧客）吧。

接下來我會以三個核心來說明這個概念。

★以顧客為主的三核心

1. 亞馬遜擁有名為「Customer Experience」的價值判準

亞馬遜自創業以來即有明文規定的「全球使命」存在，類似日本企業的「社訓」，此使命廣泛而深入地滲入全球各地的亞馬遜幹部與一般員工的心中。

「全球使命」中提出兩個概念，「Customer Experience」和「Selection」。

「Customer Experience」翻譯成中文，就是「顧客體驗」、「顧客滿意」、「顧客感動」等意思。

它不只是顧客因為在亞馬遜購物、利用亞馬遜的服務而感覺「賺到了」而已，更含有體驗到「幸福」、「快樂」的意思。

亞馬遜的員工會頻繁使用「顧客滿意度」（Customer Experience）一詞。舉個例子，假設在會議上討論「是否該引進某項機制」，這時就會問：

「那機制的顧客滿意度效果如何？」

也就是在問：「採用那項機制後，顧客滿意度會提升，還是下降？」

在亞馬遜，「顧客滿意度」一詞已成為判斷所有事物的標準。

2.亞馬遜式的十四條「領導準則」

亞馬遜有一套「Our Leadership Principles」，簡稱「OLP」。中文的意思就是「領導準則」，它規範了「亞馬遜員工應當是什麼樣子」，共有十四條的行動原則

（見圖表1-1）。

要談亞馬遜的文化，就不能不談ＯＬＰ。亞馬遜不但在人事聘用的面試中會檢視應徵者「是否具備符合ＯＬＰ的人格特質」，人事考評也會檢視員工「做事是否契合ＯＬＰ的規範」。日本亞馬遜的員工經常將ＯＬＰ準則印成小卡片，與員工識別證一起掛在脖子上隨身攜帶。

ＯＬＰ的第一條就是「Customer Obsession」，翻譯後就是「以顧客為念」的意思，即亞馬遜的員工要時時依顧客本位採取行動。

另外，在亞馬遜全球幹部的集訓會場幾乎一定會聊到：

「ＯＬＰ中你最喜歡哪一條？」

在我參加的那次大會中，大約九成的人都選「Customer Obsession」。這條準則對亞馬遜的員工來說就是如此重要。

圖表 1-1　OLP 的十四條領導準則

1	Customer Obsession	以顧客為念
2	Ownership	主人翁精神
3	Invent and Simplify	創新與簡化
4	Are Right , A Lot	幹部決策通常是正確的
5	Learn and Be Curious	學習並保持好奇心
6	Hire and Develop the Best	雇用並培養最佳人才
7	Insist on the Highest Standands	堅持最高標準
8	Think Big	宏觀思考
9	Bias for Action	先行動再說
10	Frugality	質樸簡約
11	Earn Trust	贏得他人信任
12	Dive Deep	深思細究
13	Have Backbone; Disagree and Commit	擁有己見並參與辯論，認同就傾力去做
14	Deliver Results	交出成果

3.顧客是亞馬遜的指路牌

亞馬遜每一季都會頒獎表揚員工的表現。有好幾個獎項，其中「木板桌獎」（Door Desk Award）是最具價值的獎。得獎者會獲贈Door Desk的模型。所謂Door Desk，就是以橡木為桌腳，再安上便宜的木頭門板做成的桌子。傑夫．貝佐斯在美國西雅圖的車庫創立亞馬遜時就自製門板桌使用。於是以門板桌模型做為副獎，期望得獎者能莫忘初衷。

模型上，一定會有貝佐斯的簽名和親手寫的一句話，那句話就是：「Customers Rule!」（由顧客決定！）

對亞馬遜來說，顧客有如北極星一般，指出應當前進的道路。我在前言中曾提到，亞馬遜將隔日配送提前到當日配送，再進一步縮短成最快一小時配送。然而，即使「最快一小時配送對自己有好處」，但「最快一小時配送並非公司一開始即設定的任務」。其實，當初只有一個非常單純且一般的理由，就是「顧客應該會希望盡量早點收到吧」。

★無法讓顧客愉快掏錢的努力，都無意義

改當經營顧問之後，我見識到日本形形色色的企業，很多情況讓我感到「非常可惜」。

內部耗費太多時間在書面請示和協調上。

過度看主管的臉色、揣測公司的狀況。

舉個例子，假設想到一個革新點子。既然是革新點子，理當立即著手準備，研究並解決所有問題，提高完整性，然後刻不容緩地推出問世。我認為這是能「提升顧客滿意度」最簡單且直接的作法。

然而許多企業的作法是，通過企畫要一年，組成專案小組要半年，等到點子具體成形不知要花多少年……彷彿陷入一種「時間已靜止」的錯覺。

耗費如此大量的時間到底取悅了誰呢？既然不能讓顧客「愉快地掏出錢來」，很遺憾的，我不得不說那是無意義的行動、徒勞的努力。我懷疑，懷有這樣的煩惱，日日籠罩在徒勞感中的職場人恐怕不在少數吧？

要改善這樣的職場氛圍，我認為必須有人，哪怕只有一人也好，在工作崗位中持續發出這樣的質疑：

「顧客會對此感到滿意嗎？」

一旦感覺主管的指示與滿足顧客需求背道而馳，試著問主管：

「這樣做顧客真的會滿意嗎？」

倘若怕講得太直接，引起對方防衛心態的話，也許可以改用「真的很想讓顧客滿意」、「好想早一點看到顧客喜悅的表情」這類委婉的說法。

凸顯顧客如北極星的重要性，讓所有人共享其光芒，慢慢地就能夠區分出「什麼工作是必要的，什麼工作是白費力氣」。

1小時做完1天工作 ★01

亞馬遜將「顧客會滿意嗎？」的觀點落實在工作中，以此區分出必要與不必要的工作。

02 趕走時間小偷的重要方法

亞馬遜是一家創業以來每年成長達二〇%以上的公司，今後可能會繼續維持這樣的成長速度。

也就是「一（現在）×一．二（一年後）×一．二（二年後）×一．二（三年後）×一．二（四年後）×一．二（五年後）……」計算之下，「五年後公司的規模將成長為現在的二．五倍」。目前已對世界各國造成巨大影響的亞馬遜，五年後的規模有可能進一步膨脹為現在的二．五倍（見圖表1-2）。

像這樣每年急速成長也是亞馬遜快速工作術的一大要因。

要實現這種程度的急速成長，沒有任何一個人有閒工夫做徒勞之事。沒有結論的會議、遲到、不准中途離席的會議、需要多人用印毫無進展的會簽、只是要採購必備用品卻遲遲不批准等，都被認為是奪走員工寶貴時間的「時間小偷」。

圖表 1-2　亞馬遜的業績變遷

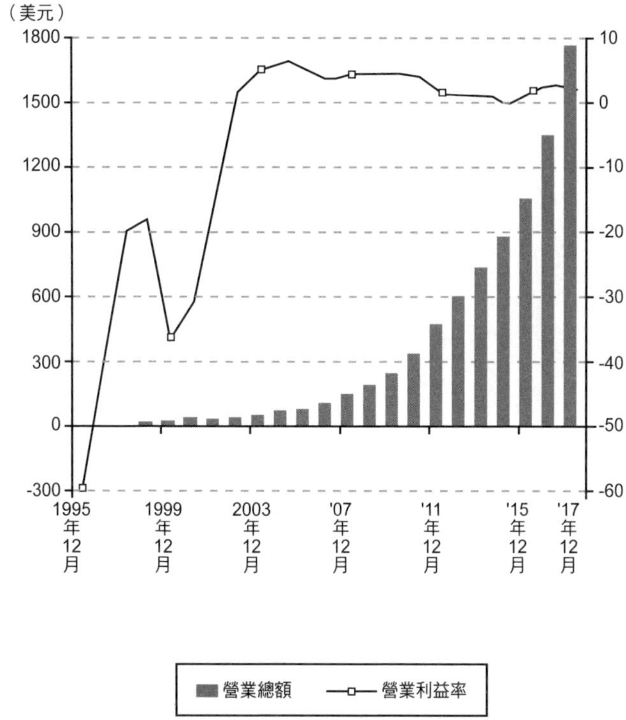

此外，「什麼事不先決定就無法往前推進」，反之「什麼事一旦定下來，前進的速度就會變慢」也很明確。

有件事對一間公司有效率地前進很重要，那就是應當達成的目標。我會在下一小節詳細說明，亞馬遜為每位員工訂出一個應當達成的數值目標。以物流中心（Fulfillment Center）為例，由美國總公司和日本公司的負責人協商，以一年為單位，設定一個與營業額綁在一起的大目標，再將那大目標拆分成每月、每週、每天的小目標，最後拆解成每小時的目標。亞馬遜全體員工都知道自己「在目標期間內要達成多少數字」。

亞馬遜在明確訂定數值目標的同時，也嚴加注意如何運用工作手冊。在亞馬遜，編寫好的工作手冊一年後絕對不會還是同樣的內容。

最主要的理由是，「工作手冊一旦固定，就會被認定那是最佳狀態」。舉個例子，假設亞馬遜總公司制定一套出貨的標準程序，要全球各地的亞馬遜共同遵守。學會這套程序的員工們雖然看似工作很有效率，卻很可能陷入「停止思考」的狀態，因此很難發現改善的空間，就結果來說反而導致速度下降。

倒不如時時自省：「這是最好的方法嗎？」若有比現狀更好的作法就改用那作法——這就是亞馬遜的思維。

訂定目標，但不規定作法。這是亞馬遜之所以能工作效率高的一個很重要原因。

★亞馬遜的速度比想像的快七倍！

亞馬遜的速度感實際上是怎樣的情況呢？

我大學一畢業就進入一家叫做SEGA的公司工作。雖然不清楚其他公司實際情況如何，但當時SEGA與任天堂在市占率的爭奪上競爭激烈，因此我想當時SEGA的工作速度應該算相當快吧。

但SEGA要求我「在下週結束前匯整出數字來」的工作量，亞馬遜會要求我

「隔天整理出來」。我進入公司時，IT業界很流行一句話：「Dog Year」，即「狗的一年相當於人類的七年」之意，用以形容IT業界的速度之快。而「一週後」和「隔天」的時限之差，可說是亞馬遜的工作速度為一般企業七倍的一項證據。

只是，若問亞馬遜的員工如何理解這樣的速度感，說實在的，「並不覺得特別快」。

我剛進入公司時也曾有點困惑，但人是不可思議的動物，很快就習慣了。

把它想像成匯入環狀跑道的F1賽車應該就會比較容易理解。其他賽車在環狀跑道上高速奔馳，只有自己以較慢的車速匯流的話會很危險，所以要以同樣的速度匯入跑道，並維持速度與其他賽車一起奔馳。因此，一旦進入跑道，就不會特別感覺自己的速度很快。

★適應「高速」環境的兩方法

置身於略為高壓的環境中，身體會自然而然的適應——這可說是運動訓練等的共通觀念。假使想讓現在的自己置身於能夠適應「高速度」的環境，有兩種可能的方法。

一種是「自己把期限提前，稍微縮短時間」。

另一種是「自己把目標數值拉高，增加困難度」。

我尤其推薦前者，如此一來能為現在的工作計畫製造更多的空白時間。有了空白時間，首先就用來「休閒娛樂」吧。當自己充分體會到空白時間的喜悅，就會思考：「為了顧客好，可以如何利用這段時間？」

1小時做完1天工作★02

經常問自己：「這是最好的作法嗎？」漸漸加重負擔，以練就自己的速度。

03 任何目標都要有量化的指標

亞馬遜是現今對全球造成莫大影響的龐大公司。常理而言，公司愈龐大，反應就愈遲鈍。然而亞馬遜卻持續用像F1賽車般的速度奔馳，豈止如此，還年年加快速度。

亞馬遜為什麼可以做到這樣？

因為，亞馬遜的員工對「終點在哪裡」有明確的共識。

那終點一般稱為「指標」（metrics）。

據辭典解釋，指標是「將各式各樣的活動定量化，成為能用以管理定量化後的數據的度量標準」。我覺得不妨把它想成是與商業上經常使用的「KPI」（關鍵績效指標）一樣的東西。

簡而言之，就是：

「亞馬遜今年整體的業績要達到多少（數字）？」
「為達此目的，希望日本亞馬遜今年能達到多少業績（數字）？」
「為此，希望日本亞馬遜的營運部門今年能達成怎樣的數字？」
「為此，希望營運部門底下的〇〇物流中心（Fulfillment Center）今年能達成什麼樣的數字？」
「為此，希望〇〇物流中心這個月能達成什麼樣的數字？」
「為此，希望〇〇物流中心這星期能達成什麼樣的數字？」
「為此，希望〇〇物流中心今天能達成什麼樣的數字？」
「為此，希望〇〇物流中心的 ×× 部門一個小時能達成什麼樣的數字？」

所以，每個工作崗位都明確知道「自己應當努力達到的終點」。

而且，每個工作崗位也明確知道「要努力達到那終點的理由」。

我一直覺得，「指標」的存在正是亞馬遜強大之處。

★以數字為準，才不會迷惘

因為是將一個大數字拆解後訂出的小目標，因此各工作崗位能夠抱持一致的觀點，即使疾速前進也不會偏離目標。

因為終點已確定的關係，所以能夠全權交由各個工作崗位決定要怎麼做。說穿了，「只要能達成目標數字，用任何方法都行」。

所謂的任何方法都行，指的不是延長勞動時間這一類不人道的方法，而是要充分運用創意和科技。若以物流中心為例，就像是「引進科技，簡化過去相當耗時的手工作業」、「改變材料的形狀，簡化包裝作業」等。

各個工作崗位不囿於「非這樣不可」、「這麼做理所當然」的既有概念，時時動腦筋想「怎麼做可以更輕易完成」、「怎麼做顧客會更滿意」，並付諸實行。

明確標示出的數字就如同撐竿跳高的橫桿，亞馬遜的員工則好比是撐竿跳的選手。既然是運動員，自然想輕輕鬆鬆地越過橫桿，而且動作要漂亮，還會以更高的橫桿為目標，努力要超越它。聽到「一切都用數字決定」，也許有人會覺得這公司冷冰冰的沒有人情味，但實際上卻相反，反而能促進員工建立共識，發揮創造力。

★層級少的組織，做密集決策

那麼指標是如何訂出來的？包括亞馬遜的組織在內，我將一併為各位介紹。

亞馬遜以美國總公司為中心，各個部門都呈垂直型的組織結構。最頂端是總裁傑夫．貝佐斯，其下是各個部門的裁決者，同時也是資深副總裁（SVP=Senior Vice President），再下來是世界各國亞馬遜的副總裁（VP=Vice President），有數十人。副總裁以下是總監、資深經理、經理，是層級相當少的組織（見圖表1-3）。

日本亞馬遜目前有兩位社長，雅柏．陳（Jasper Cheung，主管零售和服務）和我過去的直屬主管傑夫．林田（Jeff Hayashida，主管物流中心、顧客服務、供應鏈等），兩位日本社長都具有副總裁的頭銜。這兩人的主管（資深副總裁）都在美國的西雅圖。

我當時的頭銜是總監，亞馬遜雖然是家龐大的公司，但「我往上數第三個就是傑夫·貝佐斯」，是訊息傳遞相當通暢的公司。

此外，另個特色是「零售」、「營運」、「服務」各部門都有專任的財務小組，因而會發生「就營運的立場會想投資設置新的物流中心，但零售要變更系統，似乎撥不出預算」的情形。各部門財務自主，不受其他部門支配的環境。

接下來要舉我長年任職的「日本亞馬遜營運部門」的指標為例，為各位說明。

下一季的指標是由美國和日本亞馬遜營運部門的財務小組透過對話一同談定的。與美國總公司的對話會長達數個月以上，日本方面說出的數字通常是相當高的目標，總公司就會加以討價還價：「難道沒有更便宜的作法嗎」、「沒有花費較少預算而能達成的方法嗎？」由於組織結構單純，對話的密度也因此提高。

圖 1-3　亞馬遜組織圖

總裁
傑夫．貝佐斯
零售、服務等
各部門
營運部門
公關、人事、法務等
各部門
資深副總裁
資深副總裁（Senior Vice President）部門的裁決者，人在西雅圖
資深副總裁
副總裁
副總裁（Vice President）世界各國亞馬遜的最高負責人，人在各國
副總裁
總監
總監
總監
資深經理
資深經理
資深經理
經理
經理
經理
日本亞馬遜其他
各國的亞馬遜
營運、零售、服務
等各部門都有

透過對話決定的大數字再經過層層拆解，成為各工作崗位的目標。於是下一季的目標便漸漸化為一個明確的數值。

★亞馬遜不會讓數字變成「裝飾」

有關亞馬遜日常運用指標的方法，我會在第三章詳細解說，不過在公司從事管理工作的人，現階段不妨自我檢查以下幾點：

「是否已訂出一定期間（例如一星期）內應達成的數字？」
「那數字真的與大數字（例如年營業額目標）有關嗎？」
「那數字適合當作目標達成的指標嗎？」
「所有員工，而非部分相關員工，都知道那數字嗎？」

這世界上，幾乎沒有一家公司沒設定數字目標（部分刻意不設定數字目標的公司除外）。

只是，絕大多數的公司並未將那數字徹底公告周知。訊息未徹底傳達，使得數字變得沒有意義。

首先要查明「哪裡形成阻礙？」只要查明這一點，應該就能抓到頭緒，加快公司進步的速度。

1小時做完1天工作★03

自我檢查數字目標被拆解到什麼程度。

04 所有部門都高速執行PDCA

亞馬遜非常重視如何快速地進行PDCA（計畫→執行→查核→行動）循環。可以想像有許多小型的PDCA在零售、營運、服務、公關、人事、法務……所有部門的所有崗位不停地循環運轉。

為什麼要如此反覆地進行呢？因為，有許多事「不實際做看看不知道」。

PDCA的P（計畫）確實很重要。可是，亞馬遜不認為花數個月的時間做計畫是件好事。「先小範圍地試作看看，看結果如何」，這是亞馬遜的基本思維。如果得出好的結果，就前進到下一個階段；結果不佳的話，則有必要查明原因再進入下一個階段。要進行C（查核）和A（行動）最重要的就是先做D（執行），這樣的認知在亞馬遜很強烈。

★快速引進「貨到付款」制度，成為各國亞馬遜中的第一

我進入亞馬遜不久的二〇〇〇年，日本領先各國的亞馬遜，率先引進「貨到付款制度」，而我就是這項計畫的負責人。觸發這項計畫啟動的一個原因是，當時亞馬遜的利用率在關西方面成長停滯。

我曾聽說，在關西，尤其是大阪，「很多人對還沒收到貨就先刷信用卡之類的付款方式懷有抗拒心理」，而當時日本亞馬遜網站上的支付方式只能選擇用信用卡付款。我和主管一起向美國總公司說明這樣的抗拒心理，主張「若想增加關西的用戶，就必須增設貨到付款（Cash On Delivery=COD）的付款方式」。

亞馬遜存在一種基本思維，即「先在美國進行小型『實驗』，順利的話，再橫向擴展到包括日本在內的世界各國」。

然而貨到付款制度卻是例外。美國是個信用社會，基本上任何人都持有信用卡，對所謂的「先付款」毫無抗拒心理。所以我們一開始，先向對於要引進世界最新功能

抱持懷疑的人進行簡報。經過我們說明投資效果之後，計畫最後獲得通過。

通過是通過了，但必須決定和驗證的事多如山。

首先，包括日本在內，世界各國亞馬遜網站的系統，全是由美國西雅圖的總公司進行一元化管理。因此有必要向西雅圖的系統團隊詳細說明「我們要追加什麼樣的系統？」

還要與物流業者協商「貨款回收期限和回收方式」的遊戲規則。「訂貨人三天不在的情況要如何處理」、「兩件貨物送達後只收取一件，另一件『拒收』時要怎麼辦」之類的，需要事先設想所有可能的情況，訂出規範。

然而，制定規範不是重點。對亞馬遜來說，最重要的是「以能贏得顧客滿意的方式開啟服務，並讓服務日後繼續順暢地運作」，為此就需要「驗證」。

系統方面，物流業者的負責人也一起參與我與西雅圖的電話會議，但在電話中無法核對語意上的細微差異。因此我認為「實際殺去總部，一邊操作系統一邊討論比較快」，兩人立刻搭上飛機飛到當地。然後一個動作一個動作地確認、檢驗，如此才完成系統的建置。

此外，與物流業者的金流方面，則由我實際訂購商品進行測試。比方說，我實際檢驗了當我請物流業者送兩件貨物到我家，其中一件以「不需要」為由拒收時，未回收的那筆貨款是否會照規定處理。

檢驗後若發現問題就進行修正，然後繼續檢驗，再發現問題就再修正，唯有透過不斷實踐小型的 PDCA 循環，才能讓一項服務逐漸接近完成。

★所有成員都在實踐 PDCA

那麼，亞馬遜是以怎麼樣的速度推動一項計畫呢？

在關於引進貨到付款功能方面，我們從領悟到：「可以貨到付款不是比較好嗎？」到實際在亞馬遜網站上開啟貨到付款服務為止，花費大約五個月的時間。當我回顧開啟服務之前必須檢討、決定的要素數量，那速度之快連我自己都很訝異。

而真正值得驚訝的是，參與這項計畫的所有成員都是以這樣的速度在執行自己的任務。計畫小組的成員自不在話下，美國的系統團隊、日本的經營團隊，以及相當於生意往來戶的物流業者……所有人都以高速不斷實踐小型的ＰＤＣＡ循環，才實現這驚人的速度。

這與轉動輪胎是同樣的感覺。當你試圖轉動一個大輪胎，一開始需要用很大的力氣，並花一些時間才能讓它轉動起來。但如果是小輪胎，輕輕使力就能很快地讓它轉動起來。

1小時做完1天工作★04

實踐ＰＤＣＡ循環時不要過度執著於計畫（Ｐ），要迅速進入執行階段（Ｄ），多多充實查核（Ｃ）和行動（Ａ）的部分。

05 先行動再說，不怕重做

我前面談過亞馬遜有十四條的「ＯＬＰ」（領導準則，見第二十一頁）。ＯＬＰ是亞馬遜員工被要求遵守的「行動準則」。不只是擁有部下的主管，全體員工都是被要求的對象。在日常業務中是否遵照ＯＬＰ採取行動，也會反映在薪水的核定上。

ＯＬＰ的第九條是「Bias for Action」。翻譯成中文是「先行動再說」。十四條ＯＬＰ和各條的解說都刊載在亞馬遜的網站上，我引其中第九條的解說如下：

在商場上，速度很重要。為了可以多次重來和重做決策，所以不需要做大規模的分析和研究。勇於承擔經過計算之後的風險也很重要。

「Bias」這個字含有「傾斜」、「偏向一方」等的意思，我總覺得日本人在使用這個字時通常帶有不太好的意思。

可是，亞馬遜卻說，不因「要不要行動」而猶豫不決，「只有行動」！並在補充解釋中清楚陳述其理由「為了可以有機會重新來過」。然後又鼓勵道：「勇於承擔經過計算之後的風險也很重要。」

正因為有這樣的行動準則，亞馬遜的員工才能夠放心地展開行動，並且持續而不間斷。

★動腦想出多個解決線索再行動

身為日本亞馬遜管理階層的一員，我經常感受到：「『靈活的頭腦』對持續不斷採取行動很重要。」為了讓各位容易理解，我想用益智問答的方式來動動腦一下。

比方說，假設有人問你：

「你認為你所熟悉的市、區、町、村的廁所馬桶總數大概是多少？」

我猜絕大多數的人應該都會根據「人口」算出答案吧？就像這樣子：

「我知道某市的人口有三十萬人，假設一個家庭有三個人，每家有一個馬桶，那就有十萬個馬桶。而除了自用住宅之外，還有車站、學校和商業設施。假設那些設施大概有兩萬個馬桶，合計約有十二萬個馬桶。」

懂得根據人口這項非常正統的要素來思考事物，基本上是一種很重要的能力。

再來，如果被問到：

「那可以請你用人口以外的數字算出廁所馬桶的總數嗎？」

你會怎麼做呢？

這時你腦中浮現的切入點有多少，即說明你頭腦的靈活度。

「想到廁所時會聯想到的事物」是最簡單的切入點。

比方說，廁所用衛生紙的消費量。只要得知你所知道的市、區、町、村一年或一個月大約用掉多少衛生紙，也許就能根據那數字算出馬桶的總數。

或者，如果知道廁所的用水量，也許也能利用那數字來計算。

此外，說不定也可以利用芳香劑的販賣數量。先假設廁所用芳香劑占所有芳香劑的幾成，再以此計算出答案。

更甚的是，以「乍看似乎無關，沒想到卻有關聯性的東西」為切入點。

以前我曾問過別人這個問題。當時讓我覺得「有道理」，留下深刻印象的回答是「汽車的登記台數」。既有自用轎車，也有商用車，還有巴士等的大眾交通工具。我在聽對方解說的過程中確實會覺得「說不定馬桶的總數和汽車的登記台數很相近」。

我任職亞馬遜期間參與過數千人的面試，讓我感覺「腦袋很靈活」的人，鑽過窄門進入公司後，表現活躍的機率似乎很高。

另一方面，「只能找到一個切入點」的人，就算進了公司也會很辛苦。因為要能很快地轉換作法，「如果這個不行就換那個看看」，才能突破所有艱難的狀況到達終點。否則豈止是效率降低，根本是停在原地不動。

當中也有人不解：「哪有需要找到那麼多的切入點？」這種懷疑常見於對自己成

功經驗很有自信的人。我想，有這種傾向的人要通過亞馬遜的面試獲得聘用的機率非常低，因為可以想見他很快就會撐不下去。

二〇〇八年到二〇〇九年時，日本亞馬遜急著要在大阪府堺市設立新的物流中心，我受命擔任計畫主持人（完成後擔任物流中心所長）。

不料，物流中心建設預定地附近的堤防竟然挖出古蹟，地方政府要花三個星期確認古蹟的詳細情況，工程因而中斷。然而，物流中心卻不能因為工程停擺而跟著順延三個星期再啟用，因為商品的進貨和出貨計畫變更，會對其後的營運造成莫大影響。

因此，我仔細重新研究施工業者的工作內容，請他們稍微壓縮每一道作業的時間，亞馬遜方面則能配合的全力配合，用盡一切方法以挽回三個星期的延遲。物流中心照預定計畫開幕那天，我有個很深的感觸，在亞馬遜，所有人都認為：「面臨艱難處境乃理所當然，並視設法解決困境為己任。」

陷入任何困難的狀況都不會裹足不前，這也是亞馬遜常保快速的祕訣之一。

為此，就需要一顆靈活的頭腦，找出各種各樣的切入點以解決眼前的課題。

1小時做完1天工作★05

首要之務就是採取行動。並從各種角度切入問題，以找出最快且最適當的解決方法。

06 不執著於「獨門方法」

常有亞馬遜以外的人要我教他們「亞馬遜實現高效率的獨門方法」。

面對這問題，我總是回答：

「假使『獨門方法的意思是一種固定的作法』，那麼，亞馬遜並沒有什麼特別的方法。」

亞馬遜當然有一些基本的機制，像是全體員工貫徹執行的指標——數值目標（見第三十四頁）、公司編組能夠緊密結合、互相影響的小團隊（見第二一六頁）、資料的頁數和寫法有一定的規則（見第一九九頁）之類的。

但要說這些機制特別嗎？一點也不。任何公司只要有意都能馬上採用，當中並不存在亞馬遜的獨門方法。

提升效率的措施也完全相同。

單純為提升效率設定規則非常簡單，想得到的方法有很多，例如：舉辦限時的創意比賽，讓員工習慣快速發想；準備同樣性質或分量的任務讓員工分組競爭；表揚迅速達成任務的個人和團隊，或給予加薪；鳴放警報以消除加班……然而，這一類提升效率的措施與亞馬遜認為的「效率本質」不同。因為當你自問「那樣的提高效率會讓顧客高興嗎？」、「為提高效率所花費的時間，顧客會樂意為它掏錢嗎？」答案是「NO」。

從頭到尾，「效率」就是為了達到「提升顧客滿意度」的有效手段。

如果目的是公司內部的評價和競爭，就容易有乘機搶先的算計心理和動機。然而目的是「顧客滿意」則極為正向，同時直接關係到自己的幹勁。

★小心改善後的「安心感」

亞馬遜有一種觀念，「一旦訂出規則，效率和制度就會僵化」。

舉個例子，假設規定「要在七天內完成這項作業」，接著就會為此建立標準化程序，結果以前要花十四天才能完成的作業，現在七天就能做完。因為用一半的天數就能完成，便覺得好極了。

不過，亞馬遜最怕的就是人在這種時候「因為安心而停止思考」。

現在要花七天進行的作業，說不定因為靈光一閃想出意想不到的好點子，或是引進新科技，能在短短一天內完成。可是當員工覺得「用這種作法就能在七大內做完，所以維持現狀就好」，就喪失了可能性。

「把十四天的作業時間縮短成七天」並非亞馬遜的目的，「為了顧客好而盡量快一點」才是亞馬遜的目的，而那裡沒有終點。

我經常告訴別人，亞馬遜是一家「過分老實的公司」。它不是利用自創的方法使公司成長，只是理所當然地做著應該做的事，只不過它貫徹得十分徹底。

1小時做完1天工作 ★06

工作和方法總有改善的餘地，不執著於單一作法。

07 不要造成顧客的困擾

亞馬遜的總裁貝佐斯一貫堅持「服務要做到盡善盡美才公布」的立場。

比方說，二〇一八年一月二十二日，在美國西雅圖啟用的「Amazon GO」。這是一種新型的便利商店，只要有支智慧型手機，走進店裡用手機觸碰一下收銀機便能完成購物。不過亞馬遜完成這套系統大致的架構後卻遲遲不公布，而是把西雅圖總公司的員工當作「實驗對象」，檢驗各式各樣的購物情況，實際證實「不會造成顧客困擾」後才對外公布。

我從進入公司那刻起，也親身體驗了亞馬遜這樣的態度。

二〇〇〇年十一月一日，亞馬遜的日文網站「Amazon.co.jp」開始營運。我大約在開始營運的前六個月進入公司，期間，身為創始成員之一的我四處拜訪客戶。由於營運之初是「網路書店」，所以客戶主要是出版經銷商。那時我們要求各相關單位對外盡量不使用「日本亞馬遜」之名，暫時以「Emerald Dreams」做為公司名稱，隱匿「亞馬遜」的名稱，並用別的公司名稱進行準備作業。

記憶中，員工當然也被下了封口令，在十一月一日以前不能說出亞馬遜的名字。就算被前工作單位的同事問到「現在在哪裡工作？」也只能支吾其詞，十一月一日才一起透過簡訊告知是「亞馬遜」。

此外，公司成立當時的辦公室位在西新宿的一棟大樓裡，與其他外資新創企業共用一個樓層。四周的企業看到「Emerald Dreams」的招牌，肯定心想：「是間沒聽過的公司耶。」我進公司後約莫過了兩個星期，貝佐斯飛來日本，因為當時的首相森喜朗舉辦的「IT賢人會議」，貝佐斯和比爾．蓋茲等人都被延攬進入，同時也來見一見正忙著為三個月後（十一月一日）即將開始營運的「Amazon.co.jp」籌備的日本工作人員。

一九九九年曾獲選為美國時代雜誌的「年度風雲人物」的貝佐斯，笑聲非常有特色，在網路類新創企業人中很有名。其他公司的人聽到「啊哈哈哈」的笑聲，紛紛跑來我們這裡，興奮地說：「喂，傑夫·貝佐斯耶！」、「真的是亞馬遜啊！」那是個美好的回憶。

★為什麼到最後一刻才公布新服務？

那麼，為什麼亞馬遜直到最後一刻才要公布呢？

「因為未全部完成就公布的話，會對顧客造成困擾。」亞馬遜的思維中不存在「在競爭中獲勝」的概念。OLP（領導準則）第一條「以顧客為念」的解釋文中也明確主張：

領導者要從顧客的角度去思考和行動，盡全力贏得顧客的信任並維持信任關係。領導者要重視競爭，但要最在意的是以顧客為中心的思考。

因此，亞馬遜沒有「趕在競爭對手之前早一步發布訊息」的想法。

不過這不表示亞馬遜「完全沒把敵人納入考慮」。亞馬遜會設定基準點，用以掌握「現在的自己大概是什麼水準」。比方說，假設「競爭對手A公司開啟新的服務，使原本當日配送有困難的商品現在可以當日送達」，相對於此，自己的公司還無法做到該商品當日送達。這時，亞馬遜就會思考：「只要我們下點工夫，應該也可以做到當日送達吧？」而且會進一步思考：「再多用點巧思，是不是還可以做到三小時後送達或一小時後送達呢？」

有時只是「沒公布」，但已偷偷開始某項服務。Amazon Prime的「當日到貨服務」在亞馬遜正式對外發布訊息之前，其實已經開始做了。目的是為了檢查「服務實際上線後是否會發生不良狀況」。相信當時有一部分在日本亞馬遜網站上購物的客人，因為「當天就收到原以為隔天以後才會送達的商品」而感到驚喜吧。

亞馬遜的後台就是如此，為求盡早對顧客發布訊息，不斷地建立各種假設、進行驗證，高速地進行著PDCA循環。一邊上線測試，一邊六〇％、七〇％、八〇％、九〇％地逐步提高完成度，在達到一〇〇％時才「正式公布」。

★不把「打敗對手」當成目的

亞馬遜是依據顧客至上主義來看待競爭對手，我認為這樣的思維能有效運用於各行各業。

一旦「打敗競爭對手」被當作目的，在如此的狀態下提升效率，勢必會偏離原來的目的，而且常常是因為對方的出招而加速，不能操之在己，漸漸疲憊不堪。更有甚者，一旦「想在所有方面超過對手」的意識增強，就會發生服務同質化（兩者都一樣）的現象。

「完成度要提高到何種程度才想告訴顧客？」

「這麼做可能怎樣讓顧客高興？」

根據這一類原來目的「驅使全體員工想要加快速度」的作法雖然簡單，但我認為卻是提高效率最有效的方法。

1小時做完1天工作★07

不是為了「贏過競爭對手」加快速度，而是為「顧客著想」才加快速度。

08 承認錯誤，不抗拒改善

在亞馬遜任職期間，我曾與同事一起參觀總公司同樣位於西雅圖的飛機製造商波音公司的工廠。波音的製造方法，以及TOYOTA的製造方法——曾協助波音改善製造流程——對當時亞馬遜的營運非常有幫助，所以是幹部進修研習的課程之一。

過去，波音將每一道工序的作業空間區隔開來，「這是安裝引擎的地方」、「這是安裝天花板的地方」，就像這樣，每項作業結束就要將數台巨大的飛機移動到下一個作業區。然而，後來參考TOYOTA的製造方式，引進某劃時代的製造流程，據說交貨期便從過去的數月縮短至數星期。那項劃時代的製造流程就是「**在一條輸送帶上組裝飛機**」。

輸送帶以每分鐘大約幾公分、非常緩慢的速度傳動。負責安裝引擎的小組成員迎接緩緩進入引擎作業區的飛機，在通過自己的作業區之前完成安裝，而這時下一台飛機也正好到來。輸送帶的終點是廠房的另一端，到達終點時飛機已組裝完成。過去花費那麼多時間，卻一直認為理所當然的「飛機組裝法」，因為一個小小的創意就使效率大幅提升。

如前所述，貝佐斯若感覺「對此刻的自己有許多可學習之處」，就會毫不猶豫地向對方學習。

我們從波音，以及TOYOTA的製造方法中得到的領悟，後來被有效利用在倉庫（物流中心）的建設上。二〇一六年，在神奈川縣川崎市建置的「亞馬遜川崎物流中心」等，便導入「KIVA系統」的機器人，在倉庫內四處移動，把出貨的商品送到工作人員那裡。像這一類最尖端、最快速的機制能夠建置完成，全是我們向各行各業的專家學習，再根據學到的心得不斷改進的結果。

★與最高標準比較、評估自己

OLP（領導準則）第十一條「Earn Trust」（贏得他人信任），其解釋文中寫到：

領導者要謹慎聆聽，說話坦率，待人接物保持敬意。即使覺得尷尬也要老實認錯，不要把自己或團隊的錯誤說成是對的。領導者要時時與最高標準做比較、評估自己。

我認為這段解釋文中尤其重要的是「即使覺得尷尬也要老實認錯，不要把自己或團隊的錯誤說成是對的」。

我們有時會為了威信或體面而進退失據。「已發出新聞稿宣布〇月〇日要開啟服務，事到如今不能打退堂鼓，所以不論如何那天都要開啟服務！」或是「我已經在社長面前打包票「一年後一定上軌道」，可是現在這是什麼狀況！你是想把我的臉丟光嗎！」等等。然而在亞馬遜，絕對不會有人說出這樣的話。

首先，對外來說，雖然已公布服務開啟時間，但如果無法照計畫開啟服務，「亞馬遜會毫不猶豫地延後開啟」。

儘管亞馬遜堅持在達到很高的完成度之前不會向外公布，但假使公布後才發現重大問題的話，亞馬遜一定會馬上將計畫挪後。正如我一再重述的，理由只有一個，就是「會造成顧客的困擾」。

為什麼亞馬遜能做出這樣的判斷呢？因為所有人都已竭盡全力。正因為「**研究過所有的可能性，確實證明無法照預定計畫走**」才能做出那樣的判斷。絕不是隨隨便便就妥協，而是設了一個非常高的門檻。

此外，公司內部也明確定義「有錯就立刻承認是領導者的職責」。不會因為「犯錯」而使評價下滑，「不承認錯誤」才會使評價下滑。

同時，我覺得亞馬遜的解釋文不僅談到「犯錯」，還談到關於「對」的部分也令人激賞。人就是會想要自我保護，或是保護自己的團隊，認為「自己的想法或主張是對的」，並急著要拿出事實證明它，有時便因而錯失停止或退出的時機。

1小時做完1天工作★08

拿自己或團隊與最高標準比較，有錯就老實承認。

第 2 章

亞馬遜成就霸業的時間管理

09 貝佐斯對「時間」的看法

亞馬遜的創辦人，也是現任總裁傑夫．貝佐斯抱持著強烈的「時間有限」觀念。我們通常是理智上明白，三不五時便將它拋諸腦後。然而，貝佐斯可是一刻不曾或忘。

他很厲害的一點是，在任何狀況下都能維持一天八小時的睡眠，而且不靠鬧鐘就能自己起床，與太太、孩子們悠閒地共進早餐。更有一說，貝佐斯還負責餐後洗碗。

總之，一天睡八小時就表示他只剩下十六個小時的時間。除了工作以外，還有其他重要的事，如與家人相處之類的。也就是說，他一天能夠工作的時間最多只有十幾個小時。

要在這樣的狀況下取得極佳的成果，必然得減去一些徒勞無益和可以不做的工作，提高效率去做該做的事。

因此，對貝佐斯而言，如果有人要讓他等一星期之久，就會覺得超痛苦。打從他在美國西雅圖創立亞馬遜起，每當聽到有人說「一星期後把數字匯整出來」，他總會提出「不能今天做好嗎？」、「不能一小時後做出來嗎？」這樣的要求。貝佐斯對「時間有限」的強烈想法已滲透亞馬遜整個組織，促使全體員工加快速度。

★思考時間「看近」也「看遠」

因「時間有限」這觀念催生出的一項服務，就是電子書「Kindle」。

走訪書店，仔細看封面，拿起自己感興趣的書翻一翻內頁後購買，回家後再開始閱讀——這確實是令人愉快的時光。貝佐斯很愛閱讀，所以深知那樣的快樂是無上的幸福。

不過，貝佐斯想，假使人想擁有一本書的根本原因是為了「取得資訊」的話，那麼能夠盡快收到資訊，應該才是用戶最高興的事吧？

想要閱讀的瞬間就能讀到書——如我在前言中提到的，我們經常聊到：「傑夫・貝佐斯大概是想打造『瞬間傳送物質的裝置』吧？」而電子書無疑就是「瞬間傳送物質的裝置」。

也就是說，貝佐斯想提供的並不是「電子書」這項服務。貝佐斯想提供的是「有助於讓人生有限的時間少一點浪費的『什麼』」，電子書不過是其中的一個答案。若能想到電子書以外的其他方法，貝佐斯肯定會毫不猶豫地著手準備實現那項服務。此外，如果有比使用電子書閱讀器更好的方法，貝佐斯非常可能毫不猶豫地再次朝廢除Kindle的方向去做。

像這樣不斷追求「瞬間傳送」的同時，貝佐斯也感覺到「解決很花時間」。

在各種提案發表場合，貝佐斯多次當著我們員工的面講述以下這番話：

那時我一直被他們誤解，然而實際上那是在做創新之舉，也就是投資「未來會結出正果的事業」。因為那時我播下種子，認真地澆水，現在才會全部開花，才會有現在這樣的榮景。

但千萬不可忘記。是因為那時我和當時的夥伴們做了這件遭到世人誤解的創新的事，今天才會綻放出花朵。

此刻如果不為未來播種，這朵花總有一天會枯萎。所以我們今天也要播下創新的種子，為了未來能開出美麗的花朵。即使那創新之舉現在會遭人誤解。

貝佐斯這段話開頭提到的「那時」和「他們」，指的是「二〇〇〇年前後」的「媒體和機構投資者」。

二〇〇〇年左右，受到二十世紀末「網際網路泡沫」破裂的衝擊，貝佐斯將在日本設立亞馬遜，亞馬遜在美國的股價曾一度從四十美元一口氣跌到大約兩美元。儘管如此，貝佐斯不但沒有放慢設備投資的腳步，反而還加速。結果導致赤字擴大，各家雜誌紛紛報導「亞馬遜很快就要倒閉」、「亞馬遜的經營方式很反常」，華爾街的投資機構也給予尖刻的評價。

貝佐斯回顧那段艱苦的時期，同時告訴我們：「想要做真正的創新必然會招來誤解。唯有『時間』能解決。」

此外，貝佐斯於二〇一三年訪日之際，曾召集所有員工開會。那時有一位員工提問道：

「亞馬遜十年後會是什麼樣子？」

貝佐斯的回答如下：

預測未來是件非常困難的事，但我可以確切地說，零售業（以物品販售為中心的商業活動）依然是亞馬遜的主要事業，AWS（Amazon Web Service，即以雲端運算服務為中心的基礎設施提供服務）的事業規模應該會比現在更大，數位事業

（電子書、音樂和影像的下載服務）則會愈益擴大，這三項服務將成為亞馬遜的三大支柱，我想是錯不了的。

不過，我倒是對十年後亞馬遜所處的環境比較感興趣。

我想，十年後我們所建立的「顧客中心的文化」可能會被其他企業、產業和組織採納，出現與我們現在所追求的理念相同的組織。

比方說，即使是醫院和學校等公有事業，我想以顧客為中心的服務也會變得愈來愈理所當然。

我認為，屆時亞馬遜必須成為這一類組織的榜樣才行。

亞馬遜所建立的「顧客中心文化」會被其他企業、產業和組織採納，出現與我們現在所追求的理念相同的組織——貝佐斯二〇一三年的「預言」無疑已開始成為現實。

亞馬遜不會無謂地要求員工提高日常的工作效率，而會用「長遠的眼光」來看。

正因為公司的風氣如此，亞馬遜的員工才能夠看著遙遠的未來，滿懷信心地工作。

1小時做完1天工作★09

抱持「時間有限」、「時間會解決一切」這兩種觀點。

10 兩方法把心力放在重要的目標

我離開亞馬遜，以經營顧問的身分開始工作後，痛切感受到「許多人都把太多時間耗費在基礎作業上」。

我稱它為基礎性作業已是相當委婉的說法了。總之，就是撥出很大的力氣去處理可說「不必要投注心力的部分」，甚至把它當成目的。

比如說，細心整理公司內部的資料，製作出很漂亮的圖表。如此講究有很多理由，如「為看資料的人著想」、「做事的能力藏在細節裡」等。但老實說，不怎麼有說服力。

只是，人在一個組織中待久了，會漸漸無法分辨自己正在做的工作是否真的有必要。對於這樣的人，我建議可以試試這兩種方法。

1. 不知道該怎麼做時，想一想「顧客滿意度」

試著轉換成顧客的立場思考，特別有效。

假設有名員工「花費大量時間製作內部用資料的圖表」。做為一個顧客，你會樂意購買因為他的薪水而被墊高售價的商品嗎？會無可奈何地接受嗎？

如我一再談到的，亞馬遜把「提升顧客滿意度」設為唯一目的。從這觀點來看，那樣的作業被認為是「完全無意義」，而且被嚴厲地評價為「根本不是在做事」，而是「假裝自己在做事」。

2. 嘗試停止那項作業

對於長久延續下來，老實說已鮮少得到反應和回響的作業，這方法特別有效。

有一次我對部下說：

「你試試看，暫時不要再傳這份報告給我，應該不會有任何問題。」

即使在亞馬遜，計畫啟動之初也需要資訊共享，因此部下會製作日報表傳給主管和團隊的成員。可是一旦計畫上軌道，有穩定的成果之後，漸漸不再需要製作日報表，只要適度地聯繫即可。

製作日報表很花時間。我認為做到最低限度的資訊共享，把時間投入其他作業會比較好。

可是，這名部下不停地為所有成員傳送訊息。該項計畫是由好幾個部門共同推動，他似乎特別擔心其他部門主管的目光，很在意被他們認為自己偷懶，不知不覺地陷入「必須每天傳送日報表」的想法中，跳脫不出來。

於是我告訴他「試著停止每日傳送」，改為階段性地傳送報表。結果，什麼問題也沒發生，就算本來預期每天會收到日報表的主管也沒有任何抱怨。也就是說，他根本沒那麼仔細地閱讀日報表。

當你感覺到「有必要這麼做嗎？」的時候，試著偷偷取消看看吧。如果沒受到任何指責，則表示那件事不做也沒關係。

假使遭人指責，不妨聽聽他的理由。如果理由不是「顧客滿意度」，就以「顧客滿意度」為核心研究看看該怎麼處理，相信就能找出答案。

1小時做完1天工作★10

①想一想「顧客會高興嗎？」
②實際停止看看。

11 不靠「熱忱」，靠「機制」

亞馬遜有一種觀念，認為「能夠交給電腦做的事就交給電腦做」。因為這樣，人就能把時間用在只有人能做的工作上，而且會有時間去發想新的事業。此外，也會增加陪伴家人、享受嗜好的閒暇時光。

前一小節談到「有員工花費大量的時間製作公司內部用的資料圖表」。在亞馬遜，製作報告、統計資料全部交由電腦執行。只需要製作資料庫，再讓資料庫輸出數據，組織起來就行了。不必由人親自做每一件事，不做「輸入資料，製作圖表……」這類工作。

我這樣寫，也許有人會覺得「這是亞馬遜那樣的大企業才有辦法做到」。這完全是誤解。

製作資料庫非常簡單，只要會用 Excel，誰都會做。任何一家公司只要有意採用，隔天就能馬上開始。

亞馬遜的厲害之處在於「一開始就把機制化、自動化放在心上」、「能夠機制化、自動化的事物就徹底讓它建立機制」。

傑夫．貝佐斯的談話中，我很喜歡的一句是：

「Good intention doesn't work. Only mechanism works.」（「善意」起不了作用，「機制」才能發揮作用。）

這句話直譯之後，聽來似乎冷酷無情，但其實並非如此。這句話的意思是「員工無法只靠『善意』持續為公司效力，有了『機制』的基礎後，員工才能充分地發揮『善意』」。

「款待」做為象徵日本特色的語詞，近年來在日本一直受到關注。然而，我認為經營或管理者隨便使用「發揮款待的熱忱……」的說法非常危險。因為十有八九都會發生以下的負向循環：

「未建立讓員工展現善意（＝款待的熱忱）的機制」

▼

「儘管如此仍試圖倚賴員工的善意」

▼

「愈是展現善意，整個工作單位愈是疲憊不堪」

▼

「一直在展現善意的員工紛紛離職」

▼

「經營或管理者沒有意識到這一點，繼續命令員工『展現更多善意』」……

每當我想起上述的負向循環，便覺得「傑夫・貝佐斯可能比任何人都理解『款待』的真正含意」，若不能持續地提供服務，就不能稱之為「款待」。

★利用「盤點」，全面檢視目前的工作

因此，我想趁此機會建議各位「盤點」一下自己目前的工作。徹底檢查自己目前正進行的工作中，是否有可以機制化、自動化的作業。檢查的步驟如下：

①清查目前進行的工作（例如一個星期分量）並全部列出來。就像：「星期一／製作開會用的資料、開會、製作日報表、製作企畫書……」、「星期二／拜訪客戶、開會、製作日報表……」。

②將列出的作業進一步拆解成一道一道程序並條列出來。以製作企畫書為例，可以拆解成「調查想要放入企畫書裡的數據／準備數據和資料／構思標題名稱／構思想寫的內容／執筆／放進圖表和數據／請主管確認」……，盡可能詳細條列出來。

③前兩項列出的項目中，有可能借助電腦等達成機制化、自動化的就打○。

然後分兩階段檢視那項作業——

- 是否可以全部自動化、機制化？
- 是否可以部分自動化、機制化？

這時，不太需要考慮「以自己的能力可不可能做到」，只要曾經聽到「朋友的公司已機制化、自動化」的消息，或是聽說「如果有人很懂電腦就能做到機制化、自動化」，就表示那項作業「有可能機制化、自動化」。

經過這三個步驟完整檢查之下，恐怕不限業種、業界和職種，任何人都可以讓目前大約二○％的作業機制化、自動化不是嗎？

很遺憾，我不得不說那就是「無意義的作業」、「可以由別人代勞的作業」、「不受顧客歡迎的作業」。

ＡＩ化日新月異，一般認為現在正是時代的巨大轉變期。若固守舊有作法，不知不覺就會被時代淘汰。為防止這樣的情況發生，有必要藉由「盤點」的方式，全面檢視目前的工作。

1小時做完1天工作★11

詳列工作的內容與流程，全面檢視是否可以自動化、機制化。

12 把加班時間可視化，避免加班常態化

日本多數企業目前都為了勞動方式改革而不得不處理加班的問題，因此我想利用這一小節來思考加班是什麼。

說起來，亞馬遜根本沒有「加班是美德」的觀念。豈止沒有這種觀念，更把加班的常態化視為一大問題。

一天只有二十四小時。時常加班的話，無法確保充足的睡眠，也無法保有和家人等重要的人愉快相處的時光。

而且，加班常態化凸顯出經營或管理上的失敗，因為要不是「員工之間並不清楚什麼事要努力到什麼程度」，就是「明知員工即便很努力也做不完交付的工作，卻毫無補救的辦法」。

話雖如此，亞馬遜在繁忙期也會在加班中渡過。其中，被稱為「Holiday Peak」的

耶誕節前後幾週，更是營運部門一年中最忙碌的時期。亞馬遜會增加人員加班趕工，以妥善處理數量龐大的進出貨業務。

★「可容許的加班」和「不可容許的加班」

若讓我說的話，我感覺不論公司再怎麼三令五申，似乎都不可能突然做到「零加班」。因此，實際研究如何能減少加班可能比較有效。那麼，公司（及管理方）究竟該從何處著手呢？

首先，應當做的是「明確訂立公司對加班的容許範圍」。

這樣寫，我想一定有公司會說「我們已規定一個月不超過三十小時」。其實，只設定「一個月三十小時以內」的容許範圍並不夠。比方說，要再增加一項條件，如「一週×次以內」等，目的是要防止加班常態化。

一旦陷入「加班很正常」的想法，不論再怎麼努力，加班都不會減少。對公司來說，最希望避免的其實是「加班常態化」，而不是「加班」。

明確訂立容許範圍後，接下來要做的就是「做出以日為單位的全體員工加班時間統計圖表」。

條狀圖或折線圖都無所謂，試著讓每天的加班時間「可視化」。

這時，原本單以「一個月〇小時」無法看出的「加班的真面目」，就會逐漸清晰起來。

A在一個星期中最忙碌的兩天，星期一和五總是會加班三個小時。最後總計，一個月的加班是三十小時。

B則是星期一到五每天加班一．五小時，最後總計，一個月也是加班三十個小時。

哪一個可以說是加班常態化呢？

答案是B。

像這樣「可視化」每日加班情形，即可一目了然以往一直被歸為同樣狀況的A和

B的差異。

最後要做的是「建立能顯示加班『異常值』的預警機制」。

例如，設定好「每月○小時以內、一個月×次」的加班容許範圍，並在圖表中將超出此範圍的人標為紅色。乍看之下製作此圖表有點難度，但運用Excel可以輕易的做出來。

★全部歸類為「一樣的加班」會產生不平衡感

A和B的比較不過是一個簡單易懂的例子，總之，每一家公司都有「可容許的加班」和「不可容許的加班」。而且，我想實際上每家公司的界線可能都不一樣。即使如此，若公司內部未將「可容許的加班」和「不可容許的加班」明確劃分開來，結果就是被視為「一樣的加班」，使得員工之間產生一種不平衡感。

如果員工是受到優厚的加班費吸引而增加加班，那就有必要重新檢討加班費的給付機制。否則，在實務現場做到「明確訂立容許範圍→可視化→建立發現異常值的機制」，相信加班的情況會明顯逐漸減少。

1小時做完1天工作★12

確實做到「明確訂立容許範圍→可視化→建立發現異常值的機制」。

13 以「週」為基本單位執行PDCA

亞馬遜一直是以「一週為基本單位」思考PDCA循環，因為亞馬遜認為在推動事物上，一週的長度剛剛好。

日本亞馬遜每週要向西雅圖的總公司報告度量標準中的重要指標（整體銷售額、類別銷售額、成本等）。

此外，日本亞馬遜的營運部門每兩週會透過電話會議，直接向西雅圖的營運部門主管說明進出貨數量和SQCD（安全、品質、成本、配送）等幾項特別重要的指標。會議中會比較目標和現狀的數值，研究下一季當實施的改善方案，然後付諸執行。

然而多數企業似乎是以「一個月為基本單位」思考PDCA循環。

我離開亞馬遜，開始為許多公司提供諮詢服務後，一直大聲告訴他們一件事：「每個月才回顧整理一次太慢。」一個月的時間太長了。

若能以週為單位核對目標和結果，就算兩者間有差距也比較容易查明原因，盡早採取有效的對策，能設法挽救。如果要打個比方，就是用小車輪前進，就算稍微偏離跑道也可能立刻修正。

然而，要是經過一個月這麼長的時間，結果和目標之間可能產生很大的差距，使得無法挽救的危險性升高。而且，因為已過了一段時間，會搞不清楚怎麼變成這樣，變得很難找到有效的對策。若要打個比方，就是使力地轉動大車輪前進，不知道在哪裡跑偏了，待發覺時已離跑道很遠了……儘管如此，透過月報告等形式進行ＰＤＣＡ循環的公司卻完全誤以為「自己的公司在做的就是小的ＰＤＣＡ循環」、「其他公司應該只有每季回顧一次而已」之類的，實在大錯特錯。

假使目前不是以「週」為單位進行ＰＤＣＡ循環，請立刻試著改以「週」為單位。假使公司整體是以「月」為單位或「季」為單位進行回顧整理，只要決定至少「自己的團隊是以週為單位」進行ＰＤＣＡ循環，並切實執行，這樣就行了。

如果每月的銷售目標數量是固定的，那就把它分配到每一週去執行。只要一週的最後一天或隔週的週一核對現狀與目標數字，就能大大提高目標達成率。

順帶一提，曾經有人問我：「如果小的PDCA循環比較好，那麼不以週為單位，改以日為單位不是更好嗎？」雖然情況因業界、業種等而有不同，但像亞馬遜這樣的零售業界，以日為單位太短，有時不容易看清楚趨勢。比方說，只看到「今天出貨很少」這樣的數字，很難查明其主因是「天氣」、「星期天」、「全國性活動」等。在這一點上，若以週為單位，就能多少看出導致狀況好壞的主要原因，也比較容易構思對策。

★以「旬」劃分週期有意義嗎？

此外，許多公司會分為「上、中、下旬」或「月初、月中、月底」，這樣的想法根深柢固。他們常會說「請允許我們六月中旬以前交貨」之類的。

我對日本的飲食文化非常感興趣，但「旬」這個字原本是用以指稱某種物產的盛產期。日本人很喜歡將某個期間一分為三，我猜想可能至今依然保有這樣的觀念吧。

我們暫且不談那觀念，單就把一個月分成三部分的想法是否切合現代日本人的經濟行為來看，答案是「否」。

多數日本人是週一到週五上班，週六、日享受閒暇時光。比較前一週、本週和下一週的結果，我能感覺到它的意義。也就是說，經濟行為大致是以「週」為單位。

而一旦「以十天為單位」，就會變成上旬的十天從週日到隔週的週二，中旬的十天從週三到隔週的週五，下旬的十天則從週六到下個月不確定週幾，我感覺不太到比較上、中、下旬的結果有何意義。再說，有的月分下旬有八天，有的是十一天，就比較的單位來看，我也覺得不適合。

順便說一下，以美國為首的歐美國家，「一年＝五十二週」的觀念根深柢固，他們不會用「三月第一週」這樣的方式來理解，而是以一到五十二的流水號來稱它「第十一週」。

亞馬遜營運部門最忙碌的時期是耶誕節前的兩週，我也常用「大家一起為第五十和第五十一週全力以赴吧！」之類的說法鼓舞部下的士氣。

雖然沒有必要無意義地採納歐美國家的觀念，但我覺得以「週」為單位進行PDCA循環的想法會帶來各種各樣的好處。

藉此機會，請各位務必試著懷疑一些以往認為理所當然的事。

1小時做完1天工作 ⑬

懷疑過去的週期劃分法是否恰當，只要以「週」為單位進行PDCA循環就會看到成果。

14 用錢投資換取時間

亞馬遜的OLP（領導準則）第十條是「Frugality」。日本亞馬遜網站上附註的解釋文中寫到：

我們要用較少的資源實現更多的事。儉約的精神是培育創意發想、自立自強和發明之源。並不是工作人員的數量、預算和固定支出愈多就愈好。

「Frugality」一詞在OLP（領導準則，見第二十三頁）的翻譯是「質樸儉約」，但實際的含意相差甚遠。傑夫．貝佐斯經常對我們說：「請把錢用在對的事情上。」

相反的，如果要大膽說句重話，我覺得很多日本企業花錢的方式「很小器」、「捨不得拿出錢來」。

代表性例子就是電腦。

「明明經常要開會，卻只配備桌上型電腦。」

「正式員工一人一台，約聘人員就共同一台電腦。」

「現在還在用幾年前的、超過一公斤重（笑）的筆電。」

「畫面經常停止不動……一天平均當機十分鐘。」

當我詢問職場人使用電腦的情況，常會聽到這樣的抱怨。

我只有一個回答，公司應當馬上更換新的電腦。

或者由各位職場人按部就班做好功課之後與公司交涉，請公司馬上更新電腦設備。

實際上，亞馬遜非常頻繁地更換電腦設備。我在職十五年期間至少更換過七次，大約兩年就更換一次。

電腦更新的成本效益顯著，而且可以馬上做到，有「電腦讀入速度很慢，動不動就跳出讀秒顯示」煩惱的人，請務必研議更新電腦設備。

那麼，有哪些應當做的功課呢？

首先，必須用數字證明「更新電腦設備能提高生產力」。讓我們試著想一想「使用一天會當十五分鐘的電腦」是怎樣的情況。

①假設自己的時薪是兩千日元，那麼每天就會出現五百日元的浪費。一年以兩百五十天計算的話，「五〇〇日元×二五〇天」就會浪費十二萬五千日元。

②接著進一步假設，引進最新電腦設備可使處理速度提高一〇％。單純計算之下，「時薪二〇〇〇日元×一天八小時×二五〇天×〇・一＝四〇萬日元」，即可望帶來四十萬日元的生產力提升。

也就是說，①和②加起來，預估生產力提升會帶來「五十二萬五千日元」的效益。

接下來是調查電腦的市場價格。假設一台具備所需功能的電腦要十萬日元。

最後，讓我們試著從「可望提高的生產力」中扣除「購買電腦的金額」。結果便得出「四十二萬五千日元」。

「買台新的電腦就能獲得四十二萬五千日元的生產力提升，所以我希望能換台新的電腦」，而不是說「因為電腦老舊不好用，希望能換台新的電腦」，如此交涉成功的可能性是不是會比較高呢？

此外，在計算交涉要用的數字時有一點很重要，就是要「以一年為期來思考」。如果未明確訂出期間，接受提案的一方也不容易理解。建築物之類的大型提案則是例外，但如公司日常使用的備品等，計算出「不僅短短一年即可回本，還能為公司帶來巨大利益」這樣的數字，再向公司提案，應該會比較容易通過。

★短短兩天批准十億日元的投資計畫

亞馬遜一向貫徹「只要明確具有成本效益，馬上決定投資」的態度。

我在營運部門時，有一次很想火速通過一項攸關五千萬日元左右的倉庫（物流中心）投資計畫。

由於當時我正好為了出席一項會議前去西雅圖，便問我當時的主管傑夫・林田：「我可以直接找負責決策的資深副總裁談嗎？」得到他的同意。

我在西雅圖見到資深副總裁便趨前對他說：「目前我們在日本打算做這樣的計畫，無論如何希望能通過。」他問我：「要花多少錢？」我回答：「差不多五千萬日元。」

他立刻問我一個問題：

「Masa（當時大家都這樣叫我），你為什麼認為那項計畫真的有必要？」

我一邊舉出數字，一邊陳述它的必要性。沒想到他當場就回答「ＯＫ，好喔」，當天便進行批准的程序。

在亞馬遜有很多像這樣的小故事，過去曾有短短兩天內就批准一項十億日元規模的構想——能夠降低運費而不使顧客滿意度降低的劃時代構想。雖然採納這構想需要花費大約十億日元，但在財務和營運部門通力合作之下，公司一鼓作氣批准這項提案，主要的物流中心很快地被引進亞馬遜。

我與日本各式各樣公司經營階層的人談過後，第一個感想就是「當事人的裁決權限過低」。即使是部長級，自己有權裁決的金額最高五十萬日元，也聽過有人說一百萬日元，但我聽到的感覺是，難道不能再授權多一點嗎？當然，應該附註「要是確實看好其成本效益的內容」。

另外一個感想是，就連「這麼小」的裁決權也很少人實際行使，通常會心想「雖說有五十萬日元的裁決權，但怎麼能胡亂花用！」而猶豫不決，我覺得實在非常可惜。

幫自己的團隊採購新的電腦之類的，是最適合行使裁決權的情況之一，其他可能想得到的提高生產力的投資還有很多，如充實ＩＴ相關設備、整備桌面環境等。

要經常保有「把錢投資在對的事情上」的觀念，使生產力進一步提高，有效利用只有二十四小時的每一天！

1小時做完1天工作★14

光是儉約不會有任何改變，「把錢花在對的事情上」會創造巨大的利益。

15 追求效率，讓顧客有更多時間「選擇」

我要先談一下在亞馬遜與「顧客」一詞同樣備受重視的另一個名詞——「選擇」（Selection）。普遍深入全球每一位亞馬遜員工的「全球使命」，即清楚可見「顧客」和「選擇」這兩個概念。

聽到「選擇」一詞，相信很多人會聯想到「商品種類豐富」。

這無疑是正確答案，亞馬遜一直是以「經手線上所有可取得的商品」做為當然的目標在經營亞馬遜網站，即使是目前網站上未販售的商品，也會與廠商交涉，時時以未來能在亞馬遜網站上販售為目標。

對於原本不販售的商品項目也抱持同樣的態度。二〇〇〇年成立之初只賣書的日本亞馬遜網站，自隔年起逐漸擴增項目，二〇〇一年增加CD／DVD；二〇〇三年增加遊戲／玩具；二〇〇五年是家電；二〇〇七年是家庭和廚房用品；二〇〇九年

圖表 2-1　亞馬遜的商業模式

引用自日本亞馬遜網站

是消費性產品和食品……並且開始經手一些保管和配送難度較高的項目，例如：二〇一四年設立「Amazon FB Japan」，開始販售酒類商品；二〇一七年開啟「Amazon Fresh」服務，販售生鮮食品。

亞馬遜為何對商品的選擇性如此堅持呢？

其背後有著傑夫．貝佐斯對人類心理的精闢洞察，他說：

「Because anyone living in this world likes more selection rather than less selection!」（因為全世界的人都喜歡擁

有更多的選擇！）

渴望擁有某項商品卻遍尋不著，而這商品就在——亞馬遜！如果有這樣的體驗，世界上任何人都會感動吧。就因為這樣，亞馬遜以「地球上最豐富多樣的商品」的廣告詞，在全球各地經營購物網站。

這裡有張傑夫・貝佐斯對投資者出示的商業模式說明圖（見圖表2-1）。就是此商業模式支撐著亞馬遜持續成長，看過這張圖，我想各位就能理解選擇占有多麼重要的位置。

★「選擇」，不只是商品種類豐富而已

不過，亞馬遜對「選擇」的理解並不只是「商品種類豐富」這樣狹隘。

支付方式可以從信用卡付款、貨到付款、便利商店付款、ATM轉帳、網路

銀行轉帳、電子錢包付款、手機付款、亞馬遜點數或亞馬遜禮券中任選一樣，即是「Selection 即等於選項」的一種情況。

此外，亞馬遜採用名為「單一商品詳情頁面」（Single Detail Page）的方式，販售同樣商品的賣家會被全部匯整在「一個頁面」刊出（實際上，價格或交貨期對顧客最有利的賣家會刊在第一頁，其他賣家則排在以下的頁面）。亞馬遜和其他賣家（而且包括新品和中古商）全部被集中在「一個頁面」，這也可以說是一種「Selection 等於選項」。

而且，顧客可以收到商品的時間從隔天逐漸縮短到當天，再從當天縮短到最快一個小時，這樣的「選項」增加具有兩個意義。

一是對顧客來說「配送時間的選擇」增加，一旦建立「訂購後最快一小時送貨」的機制，那麼過去「當日、隔日或隔日以後」的選項中便多了「兩小時後」的選項，對顧客來說自由度變大，對亞馬遜的滿意度自然會提升。

另一種意義比較不明顯，配送時間縮短會讓顧客更容易「選擇不購買」。

早期的線上購物，從訂購到商品送達要花兩星期，那時如果心生「八月一日想舉辦ＢＢＱ大會」的念頭，兩個星期前（七月十五日以前）就必須訂購ＢＢＱ的用具。不料，八月一日卻下大雨，ＢＢＱ大會只好遺憾地停辦，好不容易準備齊全的烤肉用具全白費了。然而，如果是現在，可以選擇「隔日送貨」、「當日送貨」或「最快一小時送貨」，就可能「在最後一刻決定不買」。看了週末的天氣預報，覺得「不確定會不會下雨」的話，就能一直猶豫不決到最後一刻。然後，只要確定「會下雨」馬上停辦，最後選擇不購買。

亞馬遜當然也明白，配送時間縮短會讓消費者多了「不買」的選項。但亞馬遜認為那與日後顧客滿意度大幅提升息息相關，同時認為會因此帶來更多的「購買」。「傍晚好像會下雪，上午要先訂購鏟雪用的工具」，能夠有這樣的選項可說是配送時間縮短帶來的結果。

1小時做完1天工作★15

「時間縮短」不僅能提高公司內部的生產力，還可讓顧客有更多選擇。

第3章

★★★★★

亞馬遜的數值化有什麼不一樣？

16 數據，讓解決問題速度變快

亞馬遜認為「數值勝於一切」。單靠語言文字不僅很花時間，也很難弄清楚情況是好或是壞？順利或延遲？此刻對自己來說是不是理想狀態？在必須瞬間做出判斷，迅速採取下一步行動的環境中，靠數值以外的訊息，無論如何就是會耗費太多時間。所以提高效率的方法，就是不仰賴數值以外的訊息。

我在第一章談到「指標」（見第三十一頁），在我進入日本亞馬遜工作的二〇〇〇年時，日本亞馬遜即已建立完善的指標。但即使是亞馬遜總公司，恐怕在一九九五年創業當時也沒有建立指標，而以數值替代。

★亞馬遜怎麼檢視指標？

那麼，亞馬遜究竟看哪些數值呢？

每個部門不同，以我待最久的營運部門來說，只看「安全」、「品質」、「生產力」這三項數值。單從「看數值」一詞想像，很容易被誤以為任何事都要先數值化再做查核，但其實是要先思考「對自己的工作來說，會成為關鍵的重要指標是什麼？」然後只檢視那項指標的數值。

首先，關於「安全」方面，在日本會被認定為職業災害、必須接受醫師治療的重大意外事故，亞馬遜稱之為「可記錄事件」（Recordable Incident），其標準是根據國際聯盟針對勞動安全衛生的風險和對策所制定的「職業健康和安全管理系統」（OHSAS, Occupational Health and Safety Assessment Series）訂立，目的在於釐清責任歸屬，計算出「可記錄事件」發生的頻率，經常檢查。

只要是人做事，基本上不可能完全不受傷，但如果超過一定的標準，就需要立刻採取對策，時時警戒著是否達到「異常值」。

接下來，談「品質」。營運部門認為品質分為「出貨的品質」和「庫存的品質」兩種。

「出貨的品質」方面，會先將出貨後的商品發生什麼問題進行分類再來理解，統稱「有問題」，但其實有各種情況，如「送錯商品」、「遺漏商品」、「商品受損」等，應當採取的措施也不同。將這些問題確實數值化，確認問題發生的狀況。

「庫存的品質」方面，「Amazon.co.jp」網站上經常會顯示庫存數量，要時時檢查庫存是否控制在適當的數量，以免發生缺貨或庫存太少的狀況。

最後，是「生產力」。進出貨數量是掌握營運部門生產力的關鍵數值，因此這部分純粹只看「每單位時間能出多少貨」，或是「能進多少貨」。

★公司的健康狀態也數值化

我想，把「公司」想成「人體」、「指標（數值）」想成「利用心電圖、腦波儀或血壓計測量得知的數值」，應該就很容易理解，要掌握公司的健康狀態就不能不測量並觀察一些重要的數值，而且有必要建立一旦健康狀態惡化便會立刻通知「有危險」的機制。

舉個例子，這個例子會有點血淋淋的感覺。請各位想像一下緊急手術室的情景，當患者體力衰退，心電圖的波形轉弱，心跳數降到一定的數值以下時，警示鈴就會響起，對吧？正因藉由數值將身體狀況「可視化」，醫師才會立刻採取必要的措施。

實際上，亞馬遜一直有查看指標的數值即等於「診斷公司健康情況」的認知，在高速變動的狀況中，若沒有事先看出一些重要數值的細微變化，有時很可能會錯失補救的時機。

1小時做完1天工作★16

問自己「我的工作中握有重要關鍵的數值為何？」、「是否有用以掌握那數值的機制？」

17 掌握公司健康狀態，有異常能馬上處理

我在前一小節也談到，數值對掌握公司的「健康狀態」不可或缺。為此便不能不先定義「怎樣的狀態是異常」，並建立「異常狀態發生時能馬上察覺的機制」。

如果舉亞馬遜系統部門為例，就是建立當亞馬遜網站伺服器的反應速度或處理速度降到一定數值以下，當下就會自動傳送警告信到系統部門人員的電腦這類的機制。

此外，在我長期任職的營運部門，我想到的是倉庫（物流中心）內的溫度和溼度管理的例子，倉庫裡各處設有溫度計和溼度計，用以判斷「熱指數」。

熱指數是用溫度和溼度相乘之後得出的指標，可以得知「超過這個數值的話，中暑的危險就會增加」的情況。物流中心某處若出現異常值，有關人員就會收到自動發送的警告信，因為有必要馬上下令停止作業、讓工作人員休息。

★全球分公司的熱指數，由總公司一元化管理

亞馬遜對這一類管理的機制建立非常徹底，熱指數是由總公司一元化管理，而不是交由各國各個物流中心自行管理，日本亞馬遜能同時透過電腦螢幕查閱那訊息。位在美國、德國或義大利的亞馬遜物流中心熱指數顯示可能有異常，或日本小田原物流中心的熱指數顯示異常，我們都會立刻知道。

雖然美國、德國或義大利的物流中心作業中斷基本上不會影響到我們，但假使日本境內一個物流中心作業中斷，其他物流中心也許就要接替那間物流中心處理進出貨作業。

若能事先知悉這樣的情況，就能通知工作人員「今天的進出貨作業可能會增加」而預作準備。

比方說，有可能稍微調高上午進出貨的目標值，以那目標值持續作業數個小時，提前一天執行目標之類的。

為能迅速且適當地應付各種狀況，主要有關人員以數值的形式交流訊息很重要。

1小時做完1天工作 ★17

能夠迅速察覺異常值的機制至關重要，若發生異常，必要的成員之間要立刻交流訊息。

18 共享數字，減少兩種時間浪費

「我們要達成什麼樣的數字？」
「顯示什麼樣的數字時我們要做怎樣的處理？」

事先設定這類具體的數值並公告周知，所有人就能學會即時判斷狀況。

如果要舉營運部門的倉庫（物流中心）為例，就是明確訂出這一個小時想要達到的出貨量。

這樣可以省下兩種「時間的浪費」。

首先，省下部下請求主管判斷的「時間浪費」。

對營運部門來說，經常達成進出貨的目標數量，即表示沒有使顧客滿意度受損，結果就是亞馬遜的營業額會成長。假設這一小時的達成率為九五%，還剩下五小時，那麼現場工作人員就會自行判斷「為挽回那浪費掉的五%，每小時的進出貨作業量至少要達到一〇一%」，自主行動。只要建立看數字即知道要達到的終點和現狀的機制，就不必每件事都要向主管請示「接下來要怎麼做」。

另一個，省下主管對部下指導或指示的「時間浪費」。

如果只有主管掌握現狀，就得逐一下達「出貨量有點下滑，請再提高一些」之類的指示。但如果事先讓所有人都清楚目標數字，管理者就只要確認「是不是所有人都好好看緊那數字」。

由於不必每個數字都過問，所以可以把過去花在指導和指示的時間用來做其他事，管理上的壓力也會銳減。

★抓住兩個重點就能做到正確的資訊共享

要讓所有人都清楚目標數字，我認為以下兩點很重要。

1. 標示一目了然，讓人不會疏忽漏看

要是被人抱怨：「是嗎？我都不知道」、「那數字不太顯眼」，就沒有意義了。

亞馬遜的倉庫會在現場工作人員都看得到的地方設置白板，以手書寫下九五％之類的大字，即使不想看也會躍入眼簾，這樣醒目是有必要的。

此外，「必須多一道手續才看得見」的設計起不了作用。比方說，假設用電子信隨時傳送目標數字，這時就需要「點開那封信」這道手續，如果已徹底建立「開信閱讀」的習慣就沒問題，但如果有人偶爾才會開信的話，最好避免這樣的作法。

2.公布數字的時機和頻率要適當

如果以倉庫的進出貨作業為例，在一天的作業接近終了時才被告知「今天只達成八〇％的目標」，也只能「喔，這樣啊」。變成只是單純用來了解現況的數字，而不是有助於達成最終目標的數字。

雖然實際情況會因工作的內容而異，但請將「什麼時候公布及要公布幾次才能防止目標未達成」納入考慮，思考最適當的時機和頻率。

1小時做完1天工作★18

公布明確的數值，使「主管對部下下達指示」、「部下向主管確認」的浪費銳減。

19 讓所有人了解目標達成現況

雖然可能沒做到像亞馬遜的指標那樣，建立「重要數字一目了然的機制」，但任何企業都有各種各樣的數值。因為如果沒有總營業額、利潤率、銷售成本……這一類的數值，根本就無法製作各種財務報表。

不過——

「看這些數值有何用意？」
「要特別重視哪一項數值？」
「什麼時候要看這些數值？」

釐清這類問題會讓數值的意義大不相同。

如果以一年為期來看，重要的是──

先適當地檢視「為達成設定好的一年目標，現狀要前進到哪裡才行」，讓所有人都了解現狀。

★小心誤用「與去年對照」一詞！

不過很遺憾，許多企業都誤用了數值。我改行當經營顧問後感受尤其深刻的是，「與去年對照」（與去年同月對照等，和過去的實際成績做比較）的誤用。

在設定下一季的目標時有必要「與去年對照」。我用簡單易懂的數字來說明，假設「本季的營業額為一〇億日元，經常利益是一億日元」。因而決定「下一季的營業額和經常利益要比本季增加二〇％」，設定「下一季的營業額目標為十二億日元，經常利益目標為一・二億日元」。這樣的用法極為正確。

接下來，當然是「決定下一季各月份的營業額目標和利益目標」。「四月的營業額目標為×億日元，利益目標為×千萬日元；五月的營業額目標為△億日元，利益目標為□億日元……」，要像這樣分配到十二個月份。在決定這項分配時，同樣需要與前一年的同月份，或大前年的同月份數據做比較。因為將過去的趨勢納入考量，例如「有黃金週的五月雖然比往年成長，但是進入梅雨季後的六月則較往年下跌」會比較好。

再來要做的是「決定各個月份各週的營業額目標和利益目標」。這時同樣要一邊參考「去年的數據」，一邊進行分配作業。

不過，「與去年對照」就到此為止。接下來一年的經營活動完全不需要用到「與去年對照」一詞。

為什麼呢？因為已訂出「明年的目標」。

接下來只要看那「目標」的達成率就行了。

然而奇怪的是，本該結束任務的「與去年對照」在那之後依然頻繁出現。就像這樣子：

「開始進行本月的銷售報告會議！」

「欸，這個月因為持續下雨的關係，與去年對照達成九五％，稍微下跌……」

而且資料中到處會出現「與去年對照」一詞。

怎麼會這樣呢？

因為「達成設定的目標」並非真正的目標，「超過去年、與去年打平、雖未超過去年但極為接近」成了彼此心照不宣的目標，公司整體都瀰漫這樣的氣氛。

負責管理數字的一方覺得「（把設定好的目標擺一邊）儘管持續下雨，與去年對照依然有九五％的話，應該算很努力了吧？」而第一線負責銷售的人員也心想「（把設定好的目標擺一邊）持續下雨的情況下，與去年對照還有九五％，這數字算不錯了吧？」請容我大膽說句重話，「與去年對照」通常被用來當作各種藉口。

世界上幾乎沒有一家公司未設定營業額目標和利益目標。

然而實際上多半都只是裝飾，其實不太受到重視。

1小時做完1天工作 ★19

既已決定目標，就不要拘泥在「與去年對照」上，而要傾全力達成目標。

20 掌握「目標數值」和「現狀數值」

我認為不分業種、業界，所有工作都可以替換成「y＝f（x）」的函數。

y代表「營業額」等經營活動中排在前頭的數字。

x指的是左右這些排在前頭的數字的因素。

假設y是「營業額」，x會有哪些呢?顧客數、商品單價、採購成本、人事費、設備費、廣告費等，真的是五花八門，全都是會左右「y（營業額）」的因素。

y與x的關係也能替換成公司整體和各部門的關係，不論什麼部門，所有活動都應當是「為了達成y」，而且應當一邊思考「自己該達成什麼樣的x」，一邊行動。

然而，我開始為各式各樣的企業提供諮詢服務後感受到，多數企業都未完成非常單純的「y＝f（x）」函數。

比方說，只有「y（營業額）」是確定的，「x（左右營業額的因素）」並不確定的企業，上面的人砰地扔出一個數字，如「朝營業額十億日元的目標努力」！但完全未訂出具體內容，如員工們要在多長期程內完成怎樣的數字才能達到目標的企業。

或者，有一定程度規定好「員工要在多長期程完成怎樣的數字才能達到目標」的「x（左右營業額的因素）」，但只是規定而未核實的企業，這非常可惜。既已制定綿密的計畫，但推動計畫時卻未核對計畫中設定的數字與實際的數字是否相符。也就是說，只做了PDCA的P和D，C和A有名無實，這種狀態絕對稱不上是在實踐PDCA循環。

★要努力多久、到什麼程度才行？

無關任何職務、職位，所有員工都必須做的事，就是「掌握『目標數值』和『現狀數值』，經常做比較」。

假如自己處在無法掌握和比較的狀態，請參考下列幾點，想一想課題是什麼。

- **關於目標方面**——已訂出目標了嗎？訂是訂了，但自己並未被告知？或是目標並未被數值化？目標太粗略（未按月別、週別細分，未細分到個人層次），所以很難掌握？
- **關於現狀方面**——有方法可以用數值測定現狀嗎？已用數值測定現狀，但未被告知？或是目標太粗略，要掌握現狀很慢？

無法比較目標和現狀即意謂著不清楚自己要努力多久、努力到什麼程度才行。

繼續這樣下去的話，會很難一直對工作保有熱情，也難以自主掌控自己的人生。

因此，首先就從查明「課題是什麼」做起吧。

1小時做完1天工作★20

掌握並比較「目標數值」和「現狀數值」是所有工作人的義務。

21 如何達成理想中的營業額？

以零售業來說，用「**平均單價×顧客人數×購買頻率**」即可算出營業額。

為了方便各位清楚理解，我假設每個月的營業額目標為一百萬日元。具體來說，要採取怎樣的行動才能達成目標呢？我以在某城鎮開設書店為例，為各位簡單說明「如果是我會怎樣思考、怎樣行動」的步驟流程。

① 算出書籍的平均單價

首先要思考：「書籍的平均單價大約是多少？」。這部分粗略計算即可，我把它寫出來。先建立假設，如「單行本大約一千五百日元，雜誌八百日元，漫畫五百日元，這地區單行本的銷售量可能相對較高……」之類的，然後算出書籍的平均單價是「一千日元」。

② 算出一天平均必須賣出多少本書

既然設定每個月的營業額要達到一百萬日元，那每個月就必須賣出一千本平均單價一千日元的書籍。這意思是，每天至少要賣出三十三本書。

③算出每小時必須賣出多少本書

假設一天的營業時間是八小時。八小時內要賣出三十三本書的話，平均一小時就必須賣出四本以上（四×八＝三十二本）。

④假定上門的顧客有多少百分比會購買

假定「實際上二〇％上門的顧客會買一本書」。那麼為了獲得四位顧客購買，必須有二〇人以上的顧客上門。

⑤假定經過門前的顧客有多少百分比會走進店裡

假定「經過門前的顧客一〇％會走進店裡」。那麼為了讓二十人走進店裡，必須有兩百人以上的人經過店門前。

⑥預想數字不如預期的情況，擬定對策

話雖如此，但實際情況不可能全部和算出來的數字一樣，所以要事先想好對策。

比方說，假設「上門人數比預估的少，只有五%路過的人會走進店裡」，那就需要將五%拉高到一〇%的措施（例如：加強門口的招牌、在店門前奉茶、發送折價券）等。或是，假設「上門顧客購買的比預估的少。只有一〇%的人會購買」，那就需要將一〇%拉升到二〇%的措施（例如：製作POP海報介紹有趣的書、給予購書者特別優惠）等。

⑦ 即使這樣仍然不順利時要採取新的對策

比方說，所有想得到的辦法都用上了，顧客上門人數就是無法達到預定目標（原以為一〇%路過的人會走進店裡卻只有五%的人進來）時，就要實施提高回流率的措施（如集點卡等）之類的，以彌補低落的顧客上門人數。

我大致介紹了①到⑦的步驟，如上所述，先做因數分解，把打造「營業額」的因素分解成「路過店門前的人數→上門人數→購買人數」，再逐一思考，設定目標。然後實際做做看，若無法達成目標，再想新的措施加以彌補。

★如何預防短期內倒店？

前面介紹的①到⑦步驟中，①到⑤是在開店前就能做的簡單試算，利用調查同類型商圈店家等方式即可進行，「一小時若沒有兩百人以上經過店門前可能沒有利潤」是大致看得出來的。然而，我們在實際開新店時卻不會（不想）這樣計算。

說個明顯的例子，餐飲店開在「不顯眼的巷弄內」，如果照「經過店門前的人數↓上門人數↓購買人數」這樣分解、思考下來，由於這三個數字會呈倒三角形遞減，所以店面開在往來行人多的地方會比較有利。

當然也會有「往來行人多的店面租金比較高」或「店鋪設立概念即是刻意保持隱密」這一類的理由吧？但絕大多數的情況是自認廚藝有兩把刷子，懷有顧客「只要吃過一次肯定會再來光顧」的心態，才是最主要的原因。莫非就是因為這樣才會不斷出現開店不到一年就被迫關門大吉的店家？讓人感慨「難得那家店那麼好吃……」。

我認為要預防短期內倒店，只要開店之前在腦中冷靜地想像「有利潤的狀態」就行了。

有了這樣的概念後，如果找到合適的店面，再算算看——

• 實際有多少人從門前通過？
• 人數會因為早、中、晚等因素而變動嗎？

此外，如果人數比自己想像的少，思考要如何彌補缺少的部分吧。只是心裡要先有一開始就處於不利狀況的覺悟，未來需要有突破困境的具體想法和行動。

1小時做完1天工作★21

光有「大目標」並不夠，要明示出如何達成一個個「小目標」的方法。

22 把大目標區分三大類：上限、下限和範圍

我們通常把事業或課題要達到的目標全歸為同一類，但事實上「目標設定」有必要區分為三大類：

①「**必須超過設定的數值**」（**設定下限**）
②「**必須低於設定的數值**」（**設定上限**）
③「**介於兩個設定的數值之間**」（**設定範圍**）

我想許多朋友會說：「這有什麼？不是很普通的道理嗎？」但我沒想到在工作現場這並不普通，所以我才想藉此為各位說明。

讓我們用前一小節舉的開書店的例子來思考一下。

①「必須超過設定的數值」（設定下限）

希望提高就要設定下限管理，具有代表性的是「營業額」。在前一小節書店的例子中，設定「一個月營業額一百萬日元」的目標，除以三十的話，一天的營業額目標就是「三萬三千日元」。

②「必須低於設定的數值」（設定上限）

想要壓低要設定上限管理，具有代表性的是「人事費等固定支出」。「想把賣一本書的人事費抑制在三十日元以下」這類的目標即相當於上限。

③「介於兩個設定的數值之間」（設定範圍）

希望依一定的比率發生就要設定範圍並管理，在前一小節的書店例子中，我用「二〇％」的比率試算上門顧客中實際會購買的人數，但這類情況可以讓它上下都保有一點空間，將目標設定為「一八％到二二％」。

★必須將圖表「可視化」，否則沒有意義

①到③的數值設定好之後，不能只有理智上知道要設定上限、下限、範圍，而是確實將這樣的觀念「可視化」。

換句話說，設計可以立刻「顯示異常數值」的圖表很重要。

讓我們從①到③一個一個分別來看吧。

1.「必須超過設定的數值」（設定下限）

來客數、銷售數、利益額等關係到營業額（收入）的數值，基本上都要利用設定下限的圖表進行管理。

利用 Excel 等工具建立基本圖表，然後在設定的數值畫上紅線讓它變得醒目，這樣就行了。如果是一天必須超過「三萬三千日元」的話，就在三萬三千日元的地方畫上紅線。只要輸入每天的營業額，是超過或低於標準便一目了然。超過的話，表示那

天有達成目標，低於的話，就得思考對策了。

不過，也會有「平日的營業額沒增加，週末增加」的情況。這時不妨變更設定，如「平日兩萬五千日元，週末假日五萬三千日元」之類的。

不管怎麼說，就是要有讓人可以一目了然「自己應當努力的目標為何？相對於那目標，現狀的達成率是多少？」的圖表。

2.「必須低於設定的數值」（設定上限）

關係到人事費等固定支出的數值，基本上要透過設定上限的圖表來管理。

這部分同樣只要利用 Excel 等工具建立基本圖表，在設定的數值畫上醒目的紅線即可。

如果希望把扣除電費、燃料費、租金等各種開支後的人事費壓低到「一本書三十日元以內」的話，就在三十日元處畫一條紅線。輸入「人事費除以銷售冊數」，檢查是否超過紅線。低於紅線即表示目標達成，超過紅線的話就想辦法解決吧。

讓人可以一目了然「自己應當努力的目標為何？相對於那目標，現狀的達成率是多少？」的圖表在這裡同樣不可或缺。

與設定下限的圖表一樣，如果是「平日的營業額未增加，週末增加」的情況，或許也可以設定平日和週末假日不同的人事費上限。不過，像「平日△日元以內，週末假日×日元以內」這樣分開來設定，會比「一週×日元以內」的設定法更容易進行目標管理。

3.「介於兩個設定的數值之間」（設定範圍）

這部分也是只要利用 Excel 等工具建立基本圖表，在兩個設定的數值畫上醒目的紅線就好。

這圖表是用於想要了解購買率、回流率等「比率」的情形。

我感覺大多數的企業和店鋪對查看①、②收入和支出的「數字」都很重視，但似乎多半還顧不到要查看「比率」。為什麼呢？因為總之只要「數字」先達成目標就不必傷腦筋了。

比方說，假設你「希望一小時能有二十位顧客上門，而且二〇％上門的顧客會買一本書」。

不料，假設實際情況是有兩倍的顧客（四十人）上門，四位顧客各買一本書。如果只看營業額目標，確實是達成目標。

可是，明明來了四十人，卻只有四人購買，購買率只達成預定目標的一半（一〇％）。有什麼原因呢？是因為要結帳的人太多，顧客因而不想買了，還是……？未能達成目標肯定有什麼問題存在。

或者，假設有二十位顧客走進店裡，只有一人購買，但那位顧客買了四本書。只看營業額目標的話，也算是達成目標。

可是這種情況和四十位顧客上門、四人購買的情況相同。若那十九人是因為「找不到想買的書」，這時就需要重新檢討商品種類、利用ＰＯＰ海報宣傳書的吸睛之處等提升購買動機的行動。

若只關注上限、下限的數值，會忽略問題的本質，以結果來看，有可能降低成長的速度。因此有必要利用範圍設定的圖表讓「比率」可視化，查看銷售情況是否穩定。

★重視轉換率，找出可改善之處

亞馬遜非常重視轉換率（Conversion Rate）。打從創業之初，便會透過所有商品、服務的網頁查看「有多少人上亞馬遜的網站？」、「其中有多少人來到這個頁面？」、「其中有多少人把商品放入購物車？」、「其中有多少人最後購買了商品？」、「其中有多少人收下商品沒有退貨？」、「其中有多少人填寫評價？」……因為累積這些資訊，才能以相當高的準確度推算出「可望獲得的轉換率」數字。

而且當實際數值低於期待值時，就會立刻採取對策。是「因為商品的說明太少？」、「還是庫存太少？」等，歸納成長停滯的原因和因素，並實施改善措施。

此外，亞馬遜更隨時進行有助於取得高於期待成果的措施。經常上亞馬遜網站的人應該會注意到，部分頁面的設計偶爾會和其他頁面稍稍不同。可能是文字的字體不一樣，或是圖示的顏色稍有差異……這是在調查「些微的改變會如何影響轉換率」。這稱為「AB測驗」。對使用者來說愈簡單明瞭、方便使用、能喚起購買意願的頁面，轉換率就愈高。

從創業初期，亞馬遜便通過無數的AB測驗，竭盡全力提升服務品質。這些努力不僅是在使用者看得到的地方，更遍及系統、倉庫等所有業務。直至今天，肯定也有某些為提升服務品質的試驗正進行中。

1小時做完1天工作 ★22

製作「馬上能看出異常值」的圖表，建構能夠立即改善的環境。

23 任何職務都必須訂出目標

我在前文（見第三七頁）中談到，所有工作都可以代入「y＝f（x）」的公式裡。y指的是「營業額」等經營活動中重要性排在前面的數字，x則是會左右這些重要數字的數值。銷售、人事、總務、會計、企畫、廣告、公關、行銷……不管任何部門，所有的工作都應當與「達成y」這個大目標綁在一起。所有員工都應當一邊思考「自己要達成什麼樣的x」，一邊執行任務。

因為不這麼做的話，員工就得在不明白自己為何而努力、該努力到什麼程度的情況下工作。

然而，實際上，未將事務性工作，即日本所說的「非生產部門」的目標數值化的企業似乎非常多，其代表性例子就是「工作全集中在優秀員工身上」的狀態。像是遇到「必須接連不斷地完成工作，卻不太能強迫加班……」的情況，如果不願動腦思考的話，最簡單的方式就是「交給辦事能力強的員工去做」。

因為工作績效比其他員工高，所以一開始會感覺生產力上升。在未訂出每名員工的目標的公司，把工作全扔給特定的員工很方便。

結果會發生什麼情況呢？

優秀員工被迫不斷往前衝，因工作狀態失衡而疲憊不堪，工作績效逐漸降低。最後覺得：「待在這樣的公司沒意義」、「被操到死這種事我才不幹」，決定辭職走人。「為什麼愈是優秀的員工愈快辭職？」近來備受關注，無疑是出現這樣的問題。

另一方面，非優秀員工也會覺得沒勁。因為明顯感受到「公司並不看好自己」，也會開始覺得「既然能領到同樣的薪水，偷懶才不吃虧吧？」結果與公司的期待相反，愈是「沒用的員工」愈不會主動辭職。

★「2：6：2定律」前該做的事

我想各位應該都聽過「2：6：2定律」，這定律的意思是，不論集合再多優秀人才，結果都是「兩成的人努力做事，六成的人普通努力，兩成的人不做事」。

我無意完全否定這定律，只是覺得大肆宣揚這個定律，片面斷定「優秀的人不必交代也會做，不會做的人再怎麼交代還是不會做」過於輕率。

感嘆公司裡「有太多沒用員工」的老闆或管理者，有確實告訴所有員工「應當努力到什麼時候、什麼程度」嗎？

我非常懷疑，「沒用的員工」真的是在被告知目標和期限後，其他員工都為達成目標努力工作，卻只有他在偷懶嗎？

因為我強烈感覺到，動不動就拿出「2：6：2定律」自嘲的公司，是不是只是缺乏將目標數值化並向全體員工傳達的機制？員工若能理解「公司希望自己努力到什麼時候、什麼程度」、「自己的努力會對公司的利益做出怎樣的貢獻」，是不是就不會演變成工作集中在一部分人身上，而有一定數量的人怠工呢？

★所有工作都可以做到目標數值化

我這樣寫，恐怕不少人會懷疑：「銷售、廣告等部門直接關係到營業額，所以可以做到目標數值化。可是人事、財會、總務等部門要怎麼把目標數值化？」

不論任何工作都可以做到目標數值化。事實上，正如本書中多次提到的，在亞馬遜有「指標」，會以數值明確訂出零售、營運、服務、人事、財務、法務、公關……等所有部門的目標，因此員工都很清楚「自己該做什麼、該怎麼努力」，工作起來毫不遲疑。

儘管如此，假使各位仍感到「事務類工作很難做到目標數值化」的話，我能想到的可能情況有三種。

1.與公司利益無關的業務占大多數

比方說，製作沒人會看的報告書，也就是可有可無的報告書。要對這樣的工作設定「這項工作可望帶來〇〇的利益」，或是「但工作時間要控制在〇〇以內才會帶來利益」的目標恐怕很難。

為什麼呢？因為那項工作不是「y＝f（x）」的x。很遺憾的，那只是「看起來好像在工作」，其實應該稱不上是「工作」吧？

這時，應先以「如何與公司的利益產生關係？」的視角重新評估現在的工作內容，認為不會帶來利益的，就廢止吧。

2.全憑工作人員的「善意」做與公司利益相關的業務

比方說，有項工作是回覆顧客的明信片，這應該是提高「顧客滿意度」、「提高回流率」非常重要的項目。但假使只有「意識到回覆顧客明信片很重要」的員工自發性、而且悄悄地在進行這項工作會如何呢？

事務類工作中有許多像這樣靠員工的「善意」完成、「不會浮出表面」的工作。可是，如果能全部清查出這一類工作，讓它「可視化」的話，任何工作都可能做到數值化。

3.不知道如何數值化

本項重點是將所有工作項目的價值轉換成數值，然後試著訂出一個數值。不論是由管理方或當事者來決定這個數值都好，總之就是先進行全面清查。

例如：「製作一份企畫書」會為公司帶來多少價值？「每月精算經費」會為公司帶來多少價值？「一小時的商品討論會議」會為公司帶來多少價值？

一開始也許會感覺有點困難，但請試做一次看看。

訂出一個數值後，基本上就會慢慢看出那項工作的重要性和特性。是「重要的工作？」、「不做也沒關係的工作？」、「應當盡可能用最短時間完成的工作？」，還是「為後端程序的人著想最好花時間仔細進行的工作」等，就會變得很明確。

此外，好幾個人聚在一起開會，經過冗長的討論最後沒有得出結論，這類會議的損失也會昭然若揭（第四章會再仔細談會議的部分）。

★養成設定目標和測定效果的習慣

說起來，如果未設定目標，自然也無法測定效果。這樣就不知道結果是好是壞，因而無法進步。

一般人似乎認為，設計之類的屬於不容易設定目標和測定效果的領域。不過，即使是這類領域，最好還是要保有以數值訂出目標和測定效果的習慣。

舉個例子，要為「書籍的裝幀設計」設定目標和測定效果，可以試著設定「讀者意見調查卡『購買本書的原因』項目中，圈選『喜歡封面設計』的人占二〇％」這類的目標，先不管利用讀者意見調查卡設定目標和測定效果是不是最好的方法，那應該會成為一個指標。

藉由數字讓所有作業的價值「可視化」——首先必須做到這樣的程度。之後再思考如何進一步提高其價值——這是接下來要努力達到的狀態。

請務必試著研究看看。

1小時做完1天工作★23

先從清查所有業務，訂出目標做起。

24 讓「人、物、財、時間」四大資源極大化

近來都把經營資源稱為「resource」。若問resource是什麼？通常被總括為「人、物、財、時間」這四項，不限於亞馬遜，我想這是任何企業共同的思維。

有了基本認識後，我們再來思考身為管理者必須有的作為。

就是檢查「資源是否充足」，如果不夠就要籌措資源，並讓資源極大化。

①「人」：人力是否充足？

②「物」：必需物品是否齊全？

③「財」：是否備有必要的資金？

④「時間」：是否確保必要的時間？

如果是「資金」不足，需與適當的對象交涉，確保所需的資金。此外，如果增加「人」（請後援人員協助等）可以解決資金不足，不妨改為確保人力。

如果是「時間」不夠，則需與相關對象交涉，確保所需的時間。如果增加時間很難，但增加「物」（引進高科技機械等）、「財」（外包等）或「人」（請後援人員協助等）能解決的話，就改採其他方法。

若能讓四項資源全部「充足」（萬一缺少某項資源也可用其他資源彌補），接下來就要思考如何讓每一項資源極大化。

如果是「人」，就建置完善的工作環境，讓員工覺得工作有意義、方便做事等，藉以提高生產力。傑夫．貝佐斯經常與我們面對面談亞馬遜的思維，對提高員工的動力發揮非常大的效果。

如果是「物」，就備妥成本效益高的設備和機械等，提高生產力，第二章談到的更新電腦設備正屬於這一類。

如果是「財」的話，透過批准設備投資、備品採購的經費等方式，可使生產力提升。為了讓國外部門主管和部下直接談判，立刻提供機票錢、派部下前往當地之類的作法，也含在此類。

如果是「時間」的話，如我在本章所講解的，讓員工徹底理解目標和現狀即可維持或提高生產力。

★在資源不足的狀況下做事必定失敗

若資源不足又疏於補充，只靠實務現場的拚勁想讓情況好轉，就會演變成「嚴重加班」，因而被視為「黑心企業」。

管理者有必要將自己團隊整體的「人、物、財、時間」數值化，時時掌握狀況。這即等於掌握全體團隊成員（部下）的「人、物、財、時間」。常有人說「管理者不能兼球員」，只要自己也下場打球，掌握團隊及部下的狀況就會變得很困難，因此，就算不得不兼任，也應當優先做好管理者的工作。

而如果資源不足的話，就應當運用創意補其不足。在資源不足的情況下做事，只會耗盡第一線的人力，帶來惡果。

1小時做完1天工作★24

管理者首要之務是補足「人、物、財、時間」，再讓資源極大化。

25 成為立刻能說出「本週目標」的人

開始以經營顧問的身分輔導各類型企業後，我很驚訝的是，當我請實務現場的工作人員說出「本月目標」時，許多人都回答不出來。

回答的內容可以大致分為兩種：

一是：「這個嘛……我不知道。」這就是目標未傳達到實務現場的證據。

另一種是：「我聽說這個月的營業額目標是兩億。」

這一類回答。

當我繼續問他：「這個我知道，那要達成這個數字，你這個月的目標是什麼呢？」

通常回答是：「我不知道。」

★只要決定「WHAT」，「HOW」馬上確定

如我在本章所談的，未設定營業額目標的企業基本上不存在，而且所有工作都能用「y＝f（x）」的公式表示。以零售業來說，用「商品單價×顧客數×購買頻率」就能算出大致的營業額。

比方說，怎麼做才能達成這個月兩億日元的營業額目標呢？

原料採購部門這個月該把某項商品的單價控制在多少才行呢？

與增加顧客數有關的部門這個月應該讓多少顧客購買才行呢？

與維持顧客數有關的部門這個月應該讓多少顧客回流才行呢？

除此之外，在背後支撐這些部門的會計、人事、總務等部門，這個月要達成什麼數字目標才能對營業額目標做出貢獻呢？

未訂出這類目標的話，就會出現「不知道該在什麼事情上怎樣努力才好」的狀況。

在亞馬遜，所有部門的所有員工都知道本月、本週要達成什麼數字，有些部門甚

至訂出今天、這一小時的數字目標。

另一方面，達成那數字目標的方法則由實務現場的人去研究。比方說，讓顧客回流的方法有「以簡訊通知推薦商品」、「舉辦針對回流客的活動」等，可以想出無數的方法，再從中提出最好的方案，通過批准並執行。

換句話說，公司必須決定的是「WHAT（要做什麼事）」，只要決定了，「HOW（怎樣努力）」就由實務現場發揮創意，自主決定。

我偶爾會看到明明「WHAT（要做什麼事）」未定，「HOW（怎樣努力）」卻訂得很詳細的公司。

那就像是被迫駕駛一輛不清楚要開往何方的車，而且隨時有人在旁邊指揮你要怎麼開車，從駕駛的角度來看，恐怕心裡只會冒出愈來愈多的問號「WHY（為什麼……）」。

因此，我首先想建議各位，讓所有員工都說得出「一週目標」（見第九十頁），一個月目標的話，期間太長，會無法採取對策，應該以一週期間來檢視。

試著把公司整體的年營業額目標分解成各個部門的年度目標吧！然後細分為一個月目標，再細分為一週目標。這樣的話，所有工作崗位的人就能說出「本週目標」為何了。只要拿出「這麼做即能達成營業額目標」的依據，絕非什麼困難的事。

★自己要每天核對「本週達成率」

話雖如此，但上述「將公司整體的年營業額目標分解成各部門的年度目標……」的分解作業，如果不是公司經營層主動來做，也許不會分解到最後，覺得「這基本上是不可能」的人，也請不要就此放棄。

何不試著訂出自己的團隊、或至少訂出自己的「本週目標」，並每天核對呢？

先徵詢主管等人意見，「弄到」公司設定的目標數值。

然後，根據那數值試著訂出「自己的團隊或自己被期待達到的目標值」，不是一二〇％（績效過高），也不是八〇％（績效不足），而是試著訂出一〇〇％的數字。如果以一年為單位思考有困難的話，以一個月或一週來思考也沒關係。首先，反正就是試著設定一個數字。

接著每週將自己實際的工作表現與設定的目標值作比較。這部分也不用很精細，反正就是試著比較一下。

然後檢查一個月的達成度、三個月的達成度、半年的達成度……最後查看自己一年的績效是否對公司期待的營業額目標有所貢獻。

我建議這麼做最大的理由，是讓「自己設定目標，然後自己核對目標達成度」成為一種習慣。

如果公司願意全面建立將目標數值化並徹底公告周知的制度，那再好不過。

只是，假使你拿起這本書的理由，是「為目前在職單位的決斷和行動速度太慢而煩惱」的話，切忌對公司抱持過度的期待。從自己影響得了的範圍，自發性地採取行動吧。

擁有「自己設定目標，自己核對目標達成度」的習慣，能讓各位擺脫等待指示的工作狀態。成為擺脫不知道自己下週要做什麼、下個月要做什麼，且為了什麼而做……這類狀態的一步。

也許有人聽到「公司期待我達到的目標值」這樣的說法，就感覺好像是為了公司而做，其實並非如此。說到底是為了自己，為了自己無比珍貴的人生著想，希望各位能養成這樣的習慣。

1小時做完1天工作★25

擁有「自己設定目標，自己核對目標達成度」的習慣，自己掌控自己的人生。

第4章

亞馬遜不浪費時間的開會技巧

26 重新檢視開會方式，就能提高生產力

在提高工作生產力上絕對應重新檢視的一件事是——會議。

我進入亞馬遜後開過的會議，和我離開亞馬遜後看過、聽過的企業會議有很大的差異。請容我大膽說句嚴厲的話，與亞馬遜的會議相比，許多會議毫無意義。

換言之，光是重新檢視開會的方式，就可望大幅提升生產力。

首先，我融合在各行各業聽到的資訊，匯整出典型的不良會議開會情景。我想完全符合描述的企業畢竟是少數，但部分描述也許會讓各位想起一些現實場景。若能一邊看，一邊對照自己公司的開會情景，那就太好了。

★典型不良會議範例：A公司

「帶回去研究後再來。」

結果所有成員都這麼說，比預定時間延長了三十分鐘的會議終於結束，而下一次的開會日期要再次協調所有人的預定計畫後才決定。要找出十多名參與者都能配合的時間出乎意料地困難，應該是半個月到一個月以後的事了。

＊　＊　＊

到了預定開會的時間只來了三分之二的人，而且要等計畫核心部門的部長來才能開始，早到（其實只是預定時間前剛好趕到）的成員一邊閒聊，一邊等部長。這個集合多部門的會議比預定時間晚十分鐘開始。

十分鐘過後，部長匆匆忙忙走了進來。

他的口頭禪是：「呃，今天的議題是什麼來著？」經過會議主席口頭說明後，部長才理解整個狀況。不過數名與會者在聽主席向部長說明的過程中，心裡暗自嘀咕：「這是開會目的嗎？」十五分鐘、二十分鐘後……仍有些姍姍來遲的人。如果是職務高的人，主席會暫時中斷會議，向對方報告會議進行到什麼程度。每中斷一次，全體與會者就會忘記剛才在討論什麼、討論到哪裡，然後又回到相當前面的部分重啟討論。

不過，只是晚到還算好，肯定有人直到最後都沒出現，而且那人的時間很難喬，一延再延好不容易延到這個時間……這究竟有什麼意義呢？

這次與會者大半是年輕一輩，發放自行製作的PPT資料，圍繞著這些資料進行說明。基本上所有資料內容都要被宣讀一遍。

老實說，對各與會者的報告抱持很大興趣的人並不多，倒是偶爾會有對資料內容懷有疑問的人（可能對自己的部門造成巨大影響的情況居多）插嘴。提出「關於這部分又如何呢？」、「關於這塊會有怎樣怎樣的顧慮，是否還有討論餘地？」這類問題。

這時被問到的人一定會這麼說：

「我無法以我個人的意見答覆，請允許我把問題帶回去討論。」

每次開會氣氛都非常沉重。發給各個與會者的資料都是以PPT製成、相對來說經過簡化的資料。話雖如此，但想像有十多人要進行報告的場面就讓人倒胃口，會議上瀰漫著「不能早點結束嗎？」的氣氛。還有人會閉上眼睛，雙手抱胸，善於利用這種「我在仔細思考」的姿勢打瞌睡。

預定兩小時要結束的會議，其中各部門的報告就用掉大約一小時十五分鐘，主席開始有點焦慮，提出「為了採取下一階段的行動，今天最少要敲定幾件事……」，這時所有人針對最少要敲定哪些事討論了一會兒，然後宣布「今天想先敲定這三件事」，至此才確定本日的議題，時間已過了一小時又三十分鐘。

所有人針對第一個議題展開討論，說是討論，聽起來很好聽，但實際上是年輕一輩的乖乖聽核心部門的課長高談闊論，比較像是大談自己過去成功經驗的演講。講到累了，課長才說：「我也想聽聽看其他部門年輕人的意見。」並點名發言。喔，這構想很好，挺新鮮的。但也因為突然被點名，感覺發言內容有些跳躍。年輕的與會者稍微恢復了生氣，開始關心其他同輩的發言。

然而，最大的問題是，部長並未跟上討論步調。某部門的組長揣測到這情況，打斷年輕人的發言。「這構想是不錯。但承蒙部長及各位在百忙中撥空前來開會，我感覺這話題似乎不適合在會議上討論，請把想法整理後做成資料再提出來吧！」這時年輕一輩便徹底將心裡的開關關上。

在那之後，會議繼續反覆脫稿演出，連第一個議題都未得出結論。到了預定結束前的五分鐘，第一個議題都還未深入討論，與會者之一拿起內線電話，確認會議室接下來的安排，沒想到下一場會議剛才決定延後三十分鐘開會。

與會者掛掉內線，格外大聲地宣布「會議可以延長三十分鐘」，會議確定延長。

然而，那三十分鐘也沒敲定任何事。

這是當然的，因為與會者幾乎都不具權限。

他們不是為了決定什麼事而出席這次會議，只是因為實際有權決定的人很忙，才派他們出席，以「整理會議內容向上報告」。

於是，耗費兩個半小時只確定了一點，就是「今天的會議最少應當決定三件事」，可是那三件事沒有一件有結論。

各部門派來開會的成員只會這樣說：

「我會帶回去研究。」究竟有什麼必要開這樣的會議……連思考這個問題的體力都漸漸被奪走。

1小時做完1天工作★26

無意義的會議代表了「成長空間」，有機會讓生產力飛躍性提升。

27 設定開會目標，不把開會變目的

那麼，取消像前一小節那樣徒勞無益的會議，改成充滿速度感、生產力高的開會方式，該重視哪些事呢？接下來將舉出幾個我認為很重要的重點，雖然其中有些感覺不是「單憑個人就能決定的」，但花點心思，設法向理想會議靠近一點就可以了，不是嗎？也許你會覺得：「那不是廢話。」不過實在有很多會議並未徹底做到這幾點。

雖然統稱為會議，但可以想到的目的五花八門。亞馬遜的會議大致可以想到以下幾種目的：

- 分享訊息的會議
- 討論對策的會議
- 一起拋出創意的會議

- 決定某件事的會議等

經常遇見「原本是為了決定某件事而開會，結果卻變成只是分享訊息」的會議，對吧？

或者，也會參與到「明明要大家拋出創意，結果因為某人講話比較大聲，就依他的意見決定了」的會議。

在亞馬遜，絕不會有目的不明，或最後偏離目的的會議。

之所以能做到這樣有好幾個原因，如「會議主席、與會者的角色劃分明確」、「建立能讓會議在時間內結束的環境」等（稍後詳述），但「明示會議的目的」是最重要的第一步。

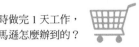

★決定「與會者會後的狀態」

所謂「會議的目的」，也就是「目標」。

如果是一小時的會議，那就是「一小時後與會者是什麼狀態」。比方說，假設「這場會議目的是決定某計畫的重要事項」，這時目標即為：「開完一小時的會議後，各與會者要能很快地根據決議，在各自所屬部門付諸下一步行動。」如果是亞馬遜，召集會議的人會透過內部系統事先告知與會者「這次會議的目的（即目標）」。

而且主席（基本上就是會議召集人）會在會議開頭再次告知「這次會議的目的（即目標）」，有時候還會寫在白板上。

然後，所有與會者會在規定的時間內，朝著既定的目標全神貫注地開會。

因此一小時的會議基本上不會拖成一個半小時。

不過，偶爾會遇到「不能如願在時間內做出決定」的情況，因為有時深入討論後，就會出現「需要再研究和調查」的要素。遇到這種情況，亞馬遜的處理方式是

「釐清需要日後再研究的要素，僅就那部分帶回去討論」、「這次會議能夠決定的就做決定」、「即使有下一次會議也會盡早開」。為什麼呢？因為亞馬遜很清楚，不這樣處理便無法進入下一階段的行動。

亞馬遜把「決定」看得很重，絕對不會讓「開會」變成目的，不如說，若能在很短的時間內開完會，所有人都非常歡迎。實際上也經常有原本預定一小時的會議，結果三十分鐘就達到目的，因而提早結束。

因此，一開始先明示目的吧。

「與會者在會議結束後應當是什麼狀態？」

思考這件事並讓所有參加會議的人都明白，光是這樣也許就能讓「參加會議本身成了目的」的情況減少，或減少一些「儘管一直抱怨老是開會、很不想開，但又挺滿意這樣看似忙碌的自己」的人，和「未考慮第一線人員的忙碌開冗長的會議，然後充滿成就感地回家」的主管。

1小時做完1天工作 27

「與會者在會後應當是什麼狀態？」才是目的。

28 指定期待與任務，沒人不發言

日本企業的會議往往會發生兩種狀況。

1.未考慮到決定權和裁決權就選定參加者

比方說，假設要召集各部門一起開會，通常會由各部門自行決定派誰參加會議，不是嗎？但一定會有部門不是由具決定權和裁決權的主管參與會議，而是派部下代表出席。由於沒有決定權和裁決權，所以一旦被要求以部門的立場做判斷，就只能回答「要帶回部裡研究」，結果什麼事都決定不了。

在亞馬遜，基本上不會用這樣的方式召集各部門開會。

比方說，假設某會議希望各部門聚在一起針對某議題討論出一個結論。這時要召集會議的人（計畫的核心人物，會議主席）會指定人選，「我希望〇〇部能派A來參加，××部能派B來參加」，並直接向那人提出要求「希望你能出席」。為什麼呢？因為他知道如果不是A和B的話就無法做決定或裁決。

萬一，A無論如何都無法出席會議，這時召集人會請求A派人代表他出席，並授權給那位代理人。也就是說，讓代理出席會議的人擁有決定、裁決權。因此，即使A不在也能決定事情。

美系企業會針對各項業務製作「工作說明書」，記述該項業務要執行的內容、難易度、需要具備的技能等，即定義「你的職務就是怎樣怎樣」的資料。基本上所有職務都被定義，因此可以明確知道「這個案子上，這部門的誰擁有決定權、裁決權」，召集其他人來開會根本沒有意義。

這麼一來，開會的人數必然會減少。

亞馬遜當然也會有參與者多達二十、三十人的會議，例如：全日本倉庫（物流中心）的主要成員聚在一起共商重大內容的會議之類的。不過，那只是有必要參與會議的成員正好這麼多罷了。

如果要集合五個部門擁有決定權、裁決權的人一起開會，那五人就夠了，所有會議幾乎都能以很少的人數進行，即使同一部門有兩人出席，只要各有各的任務就有意義，不可能會有不知為何就派兩人參加的情形。

★為何所有人都不說出自己的想法？

2. 與會者的參加意圖不明確

無意義會議的代表就是：「一句話都沒說會議就結束了。」這是亞馬遜不可能出現的景象。

請人參加會議就是希望獲得那人專業的意見，或當場做出決定。因此，在亞馬遜，召集人在召集會議時，多半會事先告訴參加者「期待聽到你從○○的觀點發言」，對方聽到也會認為「自己受邀出席會議原來負有這樣的任務」，預作準備再來參加。

因此不會陷入當大家一起抛出想法時，有人完全不發言的情況。萬一真有這樣的人，一定會受到指責：「你是為了什麼來開會的？」當然，在那之前會議主席會先指名督促與會者發言，所以不可能會有完全未發言會議就結束的情況發生。

此外，英語中好像有「沉默即同意」（Silence gives consent.）的說法。然而，亞馬遜並不存在這種觀念，不會有只要保持沉默不知不覺間就結束的會議。

我覺得日本人似乎很擔心「說錯話、講話不合時宜」，也就是所謂「不懂是一種恥辱」的文化。

然而，我絲毫感覺不出在亞馬遜總公司等處活躍的美國人覺得不懂很可恥，他們不斷地發言和提問，他們不認為「不懂是一種恥辱」，「任由不懂的狀態持續下去才是恥辱」，我認為我們也當效法如此積極的態度。

1小時做完1天工作★28

告訴每一位與會者其負有的任務和期待，自然就會開口發言。

29 由主事者主導，會議最有效率

在亞馬遜，會議的主辦人、製作會議資料等負責前置作業的人、會議主席，基本上都是同一個人。當然有時也會請求別人協助製作資料、調整日程等，可是基本上都由一人統籌。而且會議的主辦人同時也是那項業務的「主人」。

OLP（領導準則）第二條中標舉著「主人翁精神」一詞，其解釋文中寫到：

領導者絕不會說「那不是我的事」。

由此也可以看出，亞馬遜要求員工自主並全力投入與自己有關的計畫，當作自己的事看待並採取行動。

比方說，假設自己起草了某項計畫，這項計畫的主人就是起草人。

當然也會有比對起草人的工作經驗和計畫規模後，認為「要一個經驗還少的人獨力掌管如此規模的計畫畢竟不容易吧」，於是加派較有經驗的人予以協助的情況。不過，會議主席基本上就是起草人。

光提點子不負責執行並非亞馬遜的文化，亞馬遜會要求想出點子的人要成為那項計畫的核心，讓它成功上軌道。

也就是說，計畫主人既不是總裁傑夫．貝佐斯，也不是你的主管，而是你。

★會議主席要以「倒推」方式編排會議流程

這種由主事者「管理包含會議在內的整個計畫」的作法帶來非常好的效果。為什麼呢？因為主事者是最想「讓會議變得有意義」的人。

亞馬遜非常重視「反向思考」（Thinking Backward）。

- **最終目標是在什麼時候達到何種狀態？**
- **為此，必須在什麼時候達到何種狀態才來得及？**

就像這樣，從大的目標倒推回去思考小的目標。

若要打比方，就是「我想在中午十二點到達山頂。因此，最晚十一點要到達九合目，十點要到八合目……」，像這樣擬定計畫。

既然把會議看作是計畫完成前的一個「小小目標」，自然會希望經過必要充分討論後得出結論，並盡可能順利地進到下一個階段。因此，當然應該由能縱觀整個計畫，倒推回去，最清楚「現在非達到什麼狀態不可」的主事者主持會議。

不過，日本的公司往往不是由主事者主持會議，也許有各種看法，如「由擅長主持會議的人主持不是比較好嗎？」、「若考慮到頭銜，請〇〇〇主持不是比較好嗎？」等等。

可是，這些人並沒有迫切地想要在會議中達到某種狀態，主事者意識又薄弱，因此不容易讓會議獲得豐碩的成果。

★不白費開會時間的六訣竅

主事者是會議的主席，所以有時會被稱為「Facilitator」。比單純的主席更有促進會議進行的意思。

Facilitator 在會議中必須完成以下任務。

1.會議開頭就明示會議的目的、時間表、做決定的方法等

我在前一小節（見第一七〇頁）也談過，會議開頭就要讓所有與會者都清楚「此次開會的目的」為何。

再來要告知會議時間的分配，「由於會議時間是一小時，所以我們會用十分鐘熟

讀資料，討論二十分鐘，剩下的三十分鐘做出結論」，大概像這樣。

除此之外，最好也讓大家都了解最後得出結論的方法，是「當縮小到兩到三個方向時，希望最後由計畫主人（主席）來決定」，或是「希望是在全體意見一致的情況下前進到下一階段，所以會一直討論到所有人都同意為止」……得出結論的方法也五花八門。

2. 邊注意時間邊主持會議

務必時時留意會議是否照開頭時宣布的時間表進行。此外，預先布置好環境，讓與會者能注意到時間也很重要，如「放置大時鐘，讓人不時看到時間」、「設定一到某個時間鈴聲就會響起」等方法。

如果過了預定時間還沒有進行到做決定的程序，有必要以「時間已到，讓我們決定是要根據目前為止的討論確定方向？還是這次就是徹底討論？」的形式先做整理。因為，資料不足無法當場做決定的情況也不在少數。

這是題外話，亞馬遜的會議時間通常都設定為一小時，而且認為愈早結束愈好，很少有兩小時以上的會議，就我個人經驗也認為完全不休息地持續兩小時會議很沒生產力。

相反的，亞馬遜有時會以兩天一夜外宿的形式，舉行徹底不斷地討論再做出結論的會議，總之，不存在那種「不知不覺就開兩小時」的冗長會議。

3. 督促與會者發言

在召集會議時，就要事先告訴與會者「你期待的是什麼」。

並在會議的開頭先聲明：「各位建設性的發言會帶來好的結果，所以煩請各位踴躍發言。」

會議進行中，還要在必要時機督促必要對象發言：「關於這一點，〇〇先生有什麼看法？」

4. 因應會議主旨營造氣氛

會議的目的形形色色，如「做決定」、「提出創意」等。

如果是「希望與會者能無拘無束地提出有趣的點子」、「由於腦中有些模糊的想法無法具體成形，所以想請具有專業知識的與會者幫忙出主意」這類情況，可以營造和諧且稍微輕鬆的氣氛、設定不否定別人提出的構想這一類規定，或把想法不斷寫在彩色便箋上，貼在與會者看得到的地方等，可以想出許多花樣。

5. 適度整理，同時確認有無疏漏等

會議進行到一個段落時，很重要的是確認：「到目前為止是怎樣怎樣，ＯＫ嗎？」而且，也需要確認：「關於○○部分沒問題嗎？沒有不同的意見嗎？」就算再怎麼請與會者「積極發言」，只要感覺無法認同，人就是會不說話，表現在臉上。所以會議進行中也需要察看與會者的表情。

6.核對結果與初始目的，確認會後的任務和行動

會議的最後要檢驗會議目的是否達成，若有不足的地方，則需決定達成目的的期限和方法。

此外，如果時間寬裕，還要確認會議後的下一步行動，問全體與會者：「這次會後要立即採取什麼行動？」並請所有人回答，這時每個人接下來要做什麼就變得很清楚，並讓所有與會者都知道。當著與會者的面宣布，也會產生預防延遲、拖延的效果。

不妨也先確認會議後衍生的任務，如製作會議紀錄等。

Facilitator 要一邊推動議事進行，一邊留意這六點。

最重要的是「此次會議終了即達成一個『小小的目標』」這樣的意識，就是要讓它變成有助於工作向前推進、具有建設性的會議。

1小時做完1天工作★29

到頭來，由計畫的主事者主持會議最快。

30 避免討論白熱化，控場很重要

前一小節談到關於會議的主席 Facilitator，這裡要再深入討論。

亞馬遜會以集訓的方式為全球幹部舉辦大約為期兩週的領導力培訓課程，我在那裡學習到 Facilitator 在會議場上該如何待人接物。

令我印象尤其深刻的是講師說的：「請從露台俯看。」這對 Facilitator 而言是非常重要的視角。

要觀賞一大群人在舞池裡跳舞的樣子，不是進入舞池與眾人一起跳舞，也不是從旁邊觀看，而是從稍微高一點的位置瞭望整個舞池才看得最清楚。主持會議的概念也是相同的，要從露台俯看、眺望，和與會者保持適度的距離，保有不同於與會者的視野和角度，對 Facilitator 來說很重要。光聽「主導會議進行」這句話，會感覺好像自己要說很多話、要炒熱氣氛，不過我認為能誘使與會者說出意見才是高明、優秀的

Facilitator。

我任職於亞馬遜時，為營造與會者容易發言的氣氛而做過一件事：「請時常發言的人率先發言。」一旦最先發言的人提出積極且具建設性的意見，場子熱了後，就會為會議「設定初期溫度」，之後就比較容易有人提出意見。

★適時調節討論溫度

但另一方面，也會出現討論白熱化，使得場子太熱的情況。這時，就必須讓「現場溫度」稍微下降一點，所以「溫度調控」也是 Facilitator 的重要職責。

當討論白熱化，始終談不出結果時，Facilitator 該怎麼做才好呢？

我在亞馬遜的培訓課程中被教導，日後身體力行的技巧是：「站起來，在白板上寫下各方的意見。」

站起來這個動作會發揮非常大的效果。

日本的職場人也許覺得在會議中站起來不太妥當，但在美系企業經常這麼做。

當 Facilitator 站起來，正在激烈爭論中的與會者視線會有什麼變化呢？一定會剎那間同時看向 Facilitator，而那個剎那就會讓「現場的溫度」稍微降溫。

然後就在「現場溫度」稍微下降時，在白板寫下討論的內容。邊寫邊向與會者確認「○○○的意見是這樣，對嗎？」、「而×××的意見是這樣，是吧？」，用這樣的方式將討論的內容整理出來。

而且 Facilitator 只要站起來，即可從稍微高一點的角度注視坐著的與會者，無疑形成「從露台俯看」的狀態。

我在亞馬遜的領導力培訓課程學到的是：「要活用身體。」站起來、使用肢體語言、點頭……讓我們善用各式各樣的動作帶給人視覺效果吧！

1小時做完1天工作★30

一邊調節討論的「舒適溫度」，一邊推進會議。

31 將開會視為成長的機會

在亞馬遜是由主事者（草擬構想的人）主持會議，在多次主持之下，主持會議的技術會愈來愈進步。

話雖如此，但一開始並非任何人都能勝任。正如外科醫師不累積手術經驗就無法開好刀，推銷員要向客戶說明過很多次後才會變流暢，實際主持會議的經驗同樣不可或缺。

因此，主管為了讓不曾主持過會議，或經驗很少的部下累積經驗，要刻意製造機會讓他負責會商，如提出要求：「下次開會由你當事主召集並主持會議。」視情況也可用「我會以觀察員（Observer）身分列席，用不著擔心，需要幫忙的話我會協助你」這種方式委由他負責。

亞馬遜非常重視事後檢討，以觀察員身分列席會議或不列席會議，基本上主管都一定會找機會與部下一起回顧開會過程，談一談「怎麼做可以更好」，在會議主持方面也確實執行PDCA循環，以期日後的成長。

★亞馬遜重視部下養成的兩個理由

當我談到亞馬遜的部下養成，常會得到這樣的反應：「我原以為亞馬遜是每個人都獨立自主，或者該說是更不講情面的公司。」

事實上，我認為亞馬遜這家公司非常重視部下的養成。

為什麼呢？

其一是因為它所擁有的企業理念。

OLP（領導準則）的第六條是「Hire and Develop the Best」，其解釋文中寫到：

明辨擁有優異才能的人才，為組織整體著想，積極活用人才。領導者要培育領導人才，認真投入教育訓練。

明確主張領導者的職責就是培育領導人才。

此外，人事招聘時，亞馬遜是以「能否讓現在的亞馬遜更進一步成長」做為判斷標準進行面試。換句話說，亞馬遜尋找的是擁有現在公司所沒有的能力的人，或是比現在的自己更優秀的人，把那樣的人請進來讓他進一步成長的領導者會得到高度評價。

「要是出現比我更優秀的人，公司不就不需要我了？」——恐怕不少職場人會對此懷抱恐懼和不安吧？潛在的恐懼會將人導向不錄用優秀人才、不培育部下的方向，就結果來看就是阻礙企業的成長。

從擁有一名部下那刻起，就有必要克盡管理者的職責，其職責不是要贏過部下，而是要促使部下成長，創造出大家公認「全體部下都比自己優秀」的狀態，才稱得上是最強的管理者，不是嗎？

而亞馬遜重視部下養成的另一個理由非常實際。

那就是，部下不長進的話，業務便無法順利運作。

亞馬遜是「每年持續成長二〇%以上，五年後的規模會是現在二．五倍」的公司，部下不成長的話，絕對無法跟上那樣的速度。部下獨當一面，不斷發揮領導力，推動業務前進，這才最有效率。

因此，亞馬遜的員工即使會因為部下成長而覺得「這下可省事了」，但應該很少會因為部下成長而產生「覺得不好」或「擔心自己可能失去立足之地」的心理吧？

不過，畢竟是公司，當然會有中途加入的部下非常優秀，升遷快速，最後當上自己頂頭主管的情形，但我覺得那當中不太會有嫉妒、吃味的空間。

這樣說來，「成長快速的企業」是不是可說是——

- **人才容易成長**
- **不容易出現互扯後腿**

的環境呢？

1小時做完1天工作★31
「機會」加上「事後檢討」，部下才會成長。

32 不用 PPT，改成「一頁」或「六頁」報告

亞馬遜的會議不會使用 PPT，有幾個理由：

1. PPT 用得巧妙與否會改變與會者接收到的印象

PPT 是簡報時很容易使用的軟體，既可利用投影模式，配合簡報的節奏翻頁，又可利用動畫秀出圖表等，讓人留下深刻的印象。

運用這一類功能，在對的時機、強弱分明地進行簡報，相信與會者都會感覺「很精采」吧。另一方面，如果不會善用這種種功能，只用單一的黑色做成資料進行簡報，與會者就不太會覺得那是好的提案，對吧？結果變得難以分辨「提案內容本身精不精采」。

2. 條列式資料，日後看不懂

簡報者以補充說明ＰＰＴ的方式做簡報，比方說，假設ＰＰＴ的某一頁以「這次計畫將帶來三大好處」為題，條列式地寫出三點。先簡單地讓人知道有三點，再以口頭方式逐一詳細說明。在會議的場合，這種「只有重點做成ＰＰＴ，詳情則以口述」的方式因為非常簡單易懂，已成為固定的簡報模式。

不過，事後重讀資料會發生很大的問題，因為搞不太清楚內容，會議上因有簡報者補充數據才能夠理解。人的記憶力很不可靠，連簡報者說了些什麼都想不起來。

而這正是亞馬遜發出「ＰＰＴ禁令」的原因。

發出此禁令的不是別人，正是總裁傑夫．貝佐斯。

★貝佐斯禁止條列式書寫

ＰＰＴ禁令應該是二〇〇六年左右發布的，在那之前亞馬遜的會議上同樣會使用ＰＰＴ。

不料，有一次傑夫．貝佐斯重讀以前會議的ＰＰＴ資料後大發雷霆：「這樣的資料，別人根本搞不清楚它想表達什麼不是嗎！」

由於他一個星期在內部會議上要聽取數十份報告，不可能記住全部報告的內容，也難怪他會震怒。所以才會下令：「不准花時間製作ＰＰＴ的動畫什麼的！全部以文章的形式製作！做成看過就能理解內容的資料！」

結果，亞馬遜的會議廢止了條列式的書寫形式。

從此之後，各種資料都以文章形式寫作，圖表類也不必做成彩色方便別人查看，簡單明瞭地將事實寫成文章反而受到重視。

依與會人數將資料列印出來，用訂書機訂成一份一份，以紙本方式在會議上發給每一位參加者，可說回到非常古老的作風。

不過，雖說是文章形式，但可不能沒完沒了地寫好幾頁、幾十頁。基本上不是做成一頁（被稱為「1 Pager」）就是做成六頁（稱為「6 Pagers」）。

1. 商業文件大部分都做成「1 Pager」

簡單的企畫書或報告書等，基本上都寫成 A 4 大小的一頁。亞馬遜幾乎所有可以公開查閱的資料都是 1 Pager 的形式。

如果是有關問題發生的報告書，就要將「發生什麼事、發生的背景、採取什麼樣的對策（暫時措施和永久措施）」等等，簡單明瞭地整理成一頁，具體地寫出事實很重要。

想附注圖表的話要另外附加，不計入頁數。

此外，文章內穿插圖表等資料，在亞馬遜被以「妨礙閱讀」為由禁止。

2.年度預算或計畫要以「6 Pagers」形式製作

年度預算、事業計畫書、新事業企畫書、大型計畫的提案書等，要寫成A4大小的六頁。

如果是計畫的提案書，就要簡潔地寫出「計畫概要、財源、做為目標的指標」等。和1 Pager一樣，6 Pagers的圖表等也要另外附加，不計入頁數。

★最好的會議就是無人發言？

亞馬遜的會議開頭就是接連不斷的「沉默時間」，因為那段時間與會者都在閱讀一頁或六頁的資料。

參加會議的人一坐下來就開始靜靜地把桌上的資料看過一遍。如果是一頁的話，沉默會持續五分鐘左右，六頁的話大概會持續十五分鐘左右吧？雖然也常與美國的工作人員透過網路連線開會，但不論是日本或美國，會議室裡暫時都只會聽到A4影印紙的翻頁聲。

會議主席判斷差不多了，便問與會者：「看完了嗎？」OK的話就開始討論。討論基本上是採取對資料提出疑問、回答疑問的形式。主席會問：「第一頁有人有疑問嗎？」然後有人提出問題：

「第二行那句話是什麼意思？」

「關於第五行是怎麼想的？」

製作資料的人（基本上就是這項業務的主人，同時也是會議主席）便開始說明。這樣的提問應答會持續到最後一頁，沒有疑問時會議就結束。

這是題外話，亞馬遜認為的理想會議是「幾乎沒有人說話就結束的會議」。

也許有人會納悶：「啊？沒有人說話就結束的會議？沒有人提出意見也沒討論的會議有什麼好？」可能也有不少人覺得本書在前文中明明談到「亞馬遜不可能存在沒有與會者發言的會議」，豈不是矛盾？

但其實並不矛盾。

為什麼呢？因為幾乎無人發言就結束即是對會議「讚不絕口的證明」。用淺白的話來說就是：「那資料完美到無可挑剔。」

「第一頁有疑問嗎？」

「沒有。」

「第二頁有疑問嗎？」

「沒有。」

如此持續到最後，就在與會者一直回答「沒有」的情況下結束，表示那是毫無疏漏、經過仔細思考、能夠認同的內容。

假使會議像這樣推進，就會聽到與會者說「做得很好」，獲得全體鼓掌讚賞。我曾經多次見證過這樣的會議，感覺那就是會議的一種理想樣貌。

1小時做完1天工作 ★32

改變製作會議資料的方式，不但與會者的負擔減輕了，會議的效率也提高。

33 計畫要從小規模展開

在亞馬遜，要展開新的計畫時，如開啟新的事業或與新客戶往來等，一定會從小規模的運用開始試驗。

假設亞馬遜考慮要開始經手販售某類飲料。而全國有一百家廠商銷售那類飲料，各廠商都推出十種商品。

也就是說，現在有「一百家廠商、一千種商品」。

亞馬遜會怎麼看這種情況呢？

一開始就與一百家廠商簽約，開始銷售一千種商品……亞馬遜當然不會這麼做。因為不知道經手新類別的飲料實際會遇到什麼樣的問題。

因此，亞馬遜會先與一家或兩家廠商簽約，一開始先經手十種或二十種商品。這時如果出現問題，就找出解決方案。

接下來增加交易廠商到十家，遇到問題就解決它，然後再進一步擴增到五十家，遇到問題就解決……如此反覆，最後實現與一百家廠商交易。

亞馬遜形容這樣的推進方式叫「擴大envelope」。envelope就是封套的意思。就像按照內容物將封套一點一點變大那樣，順利的話再擴大一點，順利的話再擴大一點，逐漸擴大事業規模。這作法看似謹慎且曠日費時，但由於不間斷地執行PDCA循環，基本上可避免慘重的失敗。就結果而言，慘重的失敗既造成時間的浪費，也有引發撤退的危險。以中長期來看，「小規模展開」是最有效率的方法。

再說「小規模展開」也是確實能發展壯大的方法。因為是一步一步往更高的階段邁進，因為實務現場的工作人員具體明白自己該做什麼，而不會心生「這畢竟太勉強、胡來」之感，所以能有效率地採取行動。

★從點到線，再從線到面逐步擴大

我猜想，應該也有企業認為「既然有一百家廠商，當然要與一百家廠商簽約」，不測試就直接大規模展開吧？結果要不出現種種問題，要不第一線的營運轉不過來，或是為應付種種狀況疲於奔命……別說是與一百家簽約了，根本無法啟動事業的案例恐怕也不在少數。

因此，我要建議各位：「總之，謹慎地從小規模開始，再慢慢擴大。」「小規模展開↓沒有問題↓稍微擴大規模↓沒有問題……」不妨這樣一直循環、累積，慢慢達成大目標吧。

經過謹慎地反覆測試，擴大到五十家廠商後，假使判斷「增加到一百家應該也沒問題」，達到這樣的水準後，便能一口氣將交易客戶擴增為兩倍。

說起來，就是「由點連成線，再由線連成面……」這樣的擴大方式。

我感覺亞馬遜會被外界視為「以高速度發展事業」的真正原因即在此。由於是

「一點一點把封套變大」的感覺，亞馬遜的實務現場並不會覺得太勉強或胡來。不過，當判斷沒有問題時就會一口氣將事業規模擴大到兩倍，因此看在旁人的眼裡，便覺得是以驚人的速度成長。

順便告訴各位，亞馬遜是會反覆測試、謹慎地向前推進，但從不曾修正大目標。在零售業方面始終強調「地球上最大、品項齊全」，並抱持只要這世上有庫存，亞馬遜就會販售的基本姿態。

因此，以剛才提到的「一百家廠商、一千種商品」的例子來說，也許開始是以一家或兩家起步，但「最終要與全部廠商（一百家）交易」的目標，理所當然似地成為所有員工的共識。即使在目標達成的路上遇到阻礙，在確定不能解決、絕無實現可能之前，絕不輕言放棄。

從這個角度來看，亞馬遜是家非常憨直的公司。一步一步不停歇、不屈不撓地前進，由點而線而面地逐漸擴大，最後成為他人無法企及的企業——這樣的描述也許才是正確的吧。

★擴編，管理也跟著變複雜

這是題外話，過去原本只有一間的倉庫（物流中心）增加到兩間後，商品的進出貨管理立刻變得複雜許多，因為必須考慮的因素一下子大增。

比方說，以往只有東京有物流中心，不料最近大阪新設了一間物流中心。

這時冒出許多以前不必煩惱的事。

「位於東京和大阪中間的區域由哪一邊發貨比較好呢？」

「即使靠近東京，但是不是有些區域因為交通網建置的情形，從大阪發貨會不會比較好？」

「顧客訂購三件商品，兩件在大阪的物流中心，一件在東京物流中心，這時該怎麼做才能把運費等支出壓到最低？」

「為了維持東京或是大阪一定『庫存有貨』的狀態，各商品必須維持多少的庫存量才好呢？」……

靠著一步一步不停歇、不屈不撓地驗證，解決一個一個像這樣的課題，接下來的局勢才逐漸清晰起來。

★累積「成功的標準」

亞馬遜非常重視「Measure of Success」，翻譯成中文就是「成功的標準」，這些全被具體化為數字。

我在前面提到「由點而線、由線而面」，但亞馬遜會事先訂出「要達成什麼樣的數字，原本以點展開的計畫才會改為以線展開？」、「要達成什麼樣的數字，原本以線展開的計畫才會改為以面展開？」這類成功的標準。

再舉剛才「一百家廠商、一千種商品」的例子來看，「實際與兩家進行交易（以點展開）後，經營上的問題如果在二％以下就算是成功，接下來便開始與十家交易

（以線展開）」，就像這樣子。

事先訂出這樣的標準在推動計畫上非常重要。因為第一線的人明確知道該通過什麼關卡才行，所以不會迷惘或脫離軌道。

然而，事先設定「成功標準」的企業出乎意料地少不是嗎？「最近感覺得心應手，就大膽地擴大展開吧」，假使用這種模稜兩可的描述討論是否要進入下一個階段，那就表示沒有標準，或者就算有也不是所有人都知道。

未事先設定成功標準的企業，只要訂出標準後再展開計畫，相信各實務現場就會產生速度感了。

1小時做完1天工作★33

小規模展開才是走得最快、最遠的最佳方法。

第5章

★★★★★

亞馬遜這樣訓練高效的組織和人才

34 不讓階層制度成為速度之敵

亞馬遜在編組計畫團隊上有所謂的「兩個披薩」原則。這是總裁傑夫・貝佐斯在二〇〇二年提出的組織編組的重要觀念。

組織一旦龐大起來，就會遇到「遲遲無法決定」、「決定了也無法立刻採取行動」之類的困境。傑夫・貝佐斯是對組織的理想狀態擁有先進觀念的人。而隨著亞馬遜的日益壯大，自己的公司也面臨同樣的煩惱，於是他在九〇年代的末尾意識到「階層型組織無法應付瞬息萬變的市場」。

那麼，該怎麼解決這個問題呢？尤其是在技術開發等一邊反覆建立假設和驗證，一邊持續追求「沒有人知道的答案」的領域，他想出來的是「只要有自律式的勞動部隊就行了，不需要管理人」。

傑夫・貝佐斯想到一個方法，試圖把那方法引進公司，那就是「以『兩個披薩小組』將公司重新編組」。

「兩個披薩」指的是「兩個披薩就能填飽所有人肚子那種程度的人數」。若以實際人數來說就是五到六人，多則十人以下。

一個計畫牽扯到的人數一旦超過十人，必然會形成「管理者（主管）——實際勞動者（部下）」這類階層型的編制。只要形成上下關係，有問題發生時，部下就會請求主管判斷。主管負責管理，針對問題的處理方式進行協議，然後告訴部下，部下再去執行。如果沒有好的結果，主管再次負責處理，協商問題的處理方式，告訴部下，部下再去做……「這樣絕對太慢了，團隊成員若不能當場做判斷、付諸行動的話就沒有意義。」傑夫．貝佐斯說。因此才會認為最有效率、能快速行動的是「兩個披薩」左右的團隊。

現在，亞馬遜要籌組開發團隊之時，「兩個披薩」原則就會發揮作用。但由於它很難應用在法務、財務等部門，所以並未普及到全公司。而且因開發部門被集中在美國的西雅圖，所以日本亞馬遜也不存在「兩個披薩」原則。不過，世界各國的亞馬遜都會時時提高警覺，「避免製造出有礙員工自律性行動的階層型組織」。

★資訊沒有階級之分

我感覺「獲取資訊屬於職位的權限」這樣的觀念在日本企業根深柢固，所以才會有「不是部長就得不到這樣的訊息」、「這是課長才會被告知的消息」這類情況。

亞馬遜不存在這樣的觀念，而認為「資訊沒有階級之分」。

當然，得知某項會對公司股價造成重大影響的事實後，買賣自家公司的股票的話，會被控違反內線交易。為免這樣的情況發生，確實會考慮「在某個時間點之前只對一部分經營者公布某項消息」。

除了這類特殊狀況以外，即使是執行業務方面的訊息，亞馬遜也不會認為只要一部分人知道就好。

被有效利用來消除資訊的階級，讓資訊在有關人員之間橫向展開的是，可以對登錄的電子信箱同時傳送訊息的「郵寄名單」（Mailing List）。用這樣的方式公開訊息的話，部長、課長、組長和一般員工都能看到同樣的內容。

課長一邊揣摩上意，一邊將只有部長知道的消息釋放給組長，組長又再揣摩上意把那樣的消息傳給年輕員工——這樣的傳達方式既缺乏速度感，又有被曲解之虞，還可能未被傳達……沒有半點好處。

不過，我希望各位謹記著「郵寄名單」是把兩面刃的刀，要好好善用它。因為要是登錄太多計畫的「郵寄名單」，會收到數量龐大的信件，使得忙於讀信而漏看了重要訊息的可能性增高。為了避免這樣的情況，對於可以某種程度預料到未來走向的計畫，我會請求取消登記電子信箱，退出「郵寄名單」。

★消除階級，在全球貫徹

而且，亞馬遜有個被稱為「Data Warehouse」的資料庫，任何員工都可以登入。它有自己專用的伺服器，美國那邊每天會進行數據移轉，員工們可以看到移轉後的數據，也就是「到昨天為止的數據」。世界各國亞馬遜的所有商品都可以查閱，利用「拖曳和放下」即可將自己想知道的項目輕輕鬆鬆地複製出來。

這在自己的工作崗位出現異於尋常的動態，但不明其原因，想要解析數據等的時候非常有用。

所以亞馬遜才會在全世界貫徹「資訊沒有階級之分」的觀念。

不過，姓名、信用卡號碼等顧客的個人資料一律不公開。再者，查閱資料後若有買賣自家公司的股票，可能違反內線交易，所以也設有防範機制。

另外，亞馬遜也對擔任管理職的人，徹底灌輸「盡可能早一點告知重要訊息」的觀念。

我在擔任倉庫（物流中心）的所長時，曾將傑夫．貝佐斯記者會的內容轉達給倉庫的工作人員。傑夫．貝佐斯的記者會是在季度業績發表之後舉行，記者會從日本時間清晨四點左右開始，會後不久便收到貝佐斯與記者問答內容的英文信。我摘錄主要內容，如本季的結果、下一季的目標、長期的展望及可清楚看出傑夫．貝佐斯經營理念的部分等，立即翻譯成日語，利用朝會等的機會分享給所有員工。

★高一級的主管握有人事權

第1章（見第三十九頁）已刊出亞馬遜的組織圖，相較於其他大企業，亞馬遜的組織層級算是相當少。我想這也是亞馬遜能迅速決斷和行動一個非常大的要因。

我過去受命擔任日本亞馬遜營運部門的總監。在那之上只有VP（副總裁／相當於世界各國亞馬遜的社長）、SVP（資深副總裁／各部門的最高裁決者）及總裁傑夫・貝佐斯。因為只要最低限度的層級，裁決權也非常明確。

以日本來說，有的公司甚至有社長、副社長、專務、常務、普通董事、理事、事業部長……在部長之上有八、九個層級，也有公司是視情況，裁決權的劃分模糊不清。而且還有不少代理課長、主任等業務範圍不明確的職銜。

此外，在亞馬遜，基本上貫徹「高一級的主管握有人事權」的制度。

如果是日本企業，很多時候並非如此不是嗎？比如說，有部長──課長──組長，組長的直屬主管明明是課長，但更高一級的部長卻握有評定等的人事權。

亞馬遜不會有這樣的情形。為什麼呢？因為若不是由最接近部下的主管協助部下就沒有意義，何況由最近距離觀察部下的主管為部下打成績是極其自然的事。

對組長沒有人事權的課長會發展出什麼樣的行為呢？處處揣摩上意，同時必須讓部長知道自己對組長的評價。

而握有組長人事權的部長在組長犯錯時，即使他是按照課長的指示行事，仍然可以跳過課長斥責組長：「你在搞什麼！」這樣的話，課長便漸漸失去存在的意義。而且組長也會困惑：「結果我其實應該聽部長的指示，而不是課長的指示？」使得組織亂成一團。

實際上在亞馬遜，上級有權決定低他一級部下的薪水。假設低他好幾級的部下犯了錯，就算有必要給予警告，也一定是警告低他一級的部下。貫徹這樣的原則，「主管——部下」的關係才會單純化。

「總之就是不建立階級制」，讓我們試著用這樣的觀點重視檢討組織編制、資訊共享的作法吧！

要改變組織編制也許並不容易，不過活用 Mailing List 讓資訊共享之類的，我想馬上就能開始做。

1小時做完1天工作 ★34

想一想有沒有辦法將資訊層級、組織層級減少一點。

35 主管採「一對一」面談，帶人最有效

亞馬遜經理級以上的主管會與部下進行被稱為「1 on 1」的一對一面談，做為日常工作的一環。

儘管一對一面談有好幾點要注意，但它是被全世界成長企業採納、最強而有力，且以小組為單位就能馬上啟動的溝通方法之一。

在亞馬遜，不同的主管多少有些差異，但通常是一週一次或兩週一次，一人三十分鐘左右。事前會與部下確認行程安排，敲定日期，然後借會議室等可保有個人隱私的空間進行。

首先，入座時不會面對面而坐，而是坐成 L 型。因為那樣彼此都能放輕鬆地談話。而且面談不是為主管，而是為部下而設的時間，所以主管從頭到尾都要保持傾聽的態度。「傾聽並引導部下說出來」很重要。

談話的內容可大致分為三部分。

1.確認工作進展情況

現狀與目標比對下如何？造成現狀的主要因素是什麼？未達目標的話，打算採取什麼樣的對策以達成目標等。

2.是否做到依領導準則積極任事？

即行動是否遵照十四條的OLP（領導準則）。詢問部下本身的行動是否做到？曾企圖用什麼方法讓它滲透團隊？……

3.煩惱諮詢

還要確認部下目前是否有什麼煩惱，如職場的人際關係、家庭狀況等。如果有煩心事會表現在臉上。以前我遇到這樣的情況也會盡量問部下：「沒什麼精神耶。怎麼了嗎？」之類的。

假設部下說出這樣的煩惱：「其實我太太生病了，我得要去托兒所接小孩……」如我在第3章（參見第一五二頁）談到的，主管擁有「人、物、財、時間」四種資源，因此有必要視狀況處理，如讓部下早點下班回家（利用「時間」的資源）；徵得本人首肯後，向其他部下說明緣由，請他們幫忙（利用「人」的資源）。

假設十名部下每週一次，一次三十分鐘，一週就要花費五小時進行面談，占去主管相當多的時間。不過，與部下一對一面談會帶來超過所費時間的巨大價值。

亞馬遜認為，一對一面談正是主管的職責所在。主管的職責就是要達成團隊的目標，而真正去達成目標的不是自己，是部下。倘若部下不行動，目標絕對無法達成。

因此，營造一個讓部下能夠一〇〇％施展其能力的環境很重要，若不傾聽部下內心的煩惱、痛苦和問題，就無法協助他消除那些煩惱、痛苦和問題。

不過現實情況是，有許多團隊成員在的場合，部下很難談到深層部分，不容易進行對話。或許有人覺得一對一面談的作法很花力氣和時間。可是長期來看，能夠深入傾聽全體部下，可說是最有效率的資訊收集手段不是嗎？

★面談時，主管的注意事項

我建議目前未進行定期性一對一面談的企業務必引進這項制度。

一開始也許不必三十分鐘，一人大約十分鐘也可以。內容上，我想只要確認「本週目標的達成度如何」即可。

不過，進行面談的主管有幾點要注意。

1. 一旦決定要面談，務必執行

也就是說，要列為最優先事項。與部下敲定面談時間後，卻說「抱歉，我這週很多事要忙，沒辦法面談」的話，部下會如何理解這句話？有如被告知「和你面談不是很重要的事」。這是許多公司經常發生的事情，如果讓部下失望，還不如一開始就不要做。

2.不因人而改變面談時間

我能理解想要撥出更多時間與煩惱很深的人詳談的心情，但若是這種情況，要先按規定的時間結束面談，另外安排時間傾聽。要貫徹「與任何成員面談都是同樣的時間長度」，才能維持部下心理上的公平感、安心感和安全感。

3.沒有本人的同意絕不外傳

另外還有一點，就是對面談中聽到的內容要保守祕密。

就主管的立場以為是好心便告訴其他部下，不要再做這種事吧！因為本人可能會覺得：「我絕不想被別人知道。因為是一對一面談，因為是主管你，我才會說……」

比方說，你聽到部下說：「最近體力一直下滑，所以去上健身房。」於是你在朝會等的場合告訴大家「〇〇〇最近很努力地上健身房喔」之類的。然而〇〇〇也許覺得讓同事知道這事很丟臉。

所以，面談中聽到的事只能放在自己心裡。而如果感覺需要某特定人士支援，認為有必要請求協助的話，最好先問部下：「我想把這事告訴誰誰誰，請他幫忙，你介不介意？」取得部下的同意。

1小時做完1天工作★35

建立一對一面談的習慣，是促使部下發揮一〇〇%能力強而有力的工具。

36 靈活運用電郵和即時通訊

亞馬遜為了有效率地進行資訊分享，會靈活運用電郵和網路聊天室，因為電郵和網路聊天室各有各的優點。

我要補充說明一下。網路聊天室指的是利用電腦網路上的數據通訊線路進行即時通訊。英語稱「Chat」，有「閒聊」的意思，正適合用來進行短談。

1.電郵：適合做為文件留存

自從電郵開始被活用在工作上以後，和過去透過電話、傳真等交換訊息比較起來，溝通被大幅地效率化。

不過即使是電郵，有時也會感覺不太好用。

一是查詢功能很弱。亞馬遜因為頻繁使用「郵寄名單」發信，一天收到的信件數量十分龐大。但由於查詢功能不太好，要找出想重讀的信件非常困難。我在亞馬遜時，為了想了解「過去是否發生過同樣的事」之類的，常常查詢了半天也找不到信。

還有一點是文句內容。「商業電郵即等於商業信函的電子版」，由於有人會這樣的解釋，因此對客戶需要加上一句「平時承蒙您的關照」，即使是公司內部也要加上一句「您辛苦了」。結尾還得加上「煩請您確認、考慮」這類的文句。從效率的觀點來看，會覺得加上這樣的文句很麻煩。

不過，即使有這些不便，電郵仍具有「對方可以在方便時閱讀」、「適合做為文件留存」的優點。如果想留下信件往返的紀錄，亞馬遜員工通常也會使用電郵。

2. 網路聊天室：能即時交談，快速便捷

另一方面，網路聊天室是為了即時通訊而開發出的工具。因此可以和同事或部下等進行「〇〇案子的進度呢？」、「確認中」、「了解」這類不需要多餘的詞句、宛如會話般迅速地訊息交換。透過綠色和紅色的燈號也可以知道對方現在是在線上（綠

色）或不在線上（紅色），很方便。不過，在「做為文件留存」這一點上則不如電郵，所以亞馬遜的員工會區分不必特別留下紀錄的訊息交換就使用網路聊天室，想要留下紀錄的則使用電郵。

附帶說一下，亞馬遜認為「要使用全世界共通的電郵軟體」、「使用的筆電也要全世界通用」，由美國的亞馬遜總公司統一選定。電腦則是與提出較好條件的廠商簽約，有時用戴爾，有時用惠普（Hewlett-Packard）。由於員工每人會有一台筆電，所以合約談成的話，會是數萬台的業績。

★在亞馬遜幾乎不用電話

另外，亞馬遜內部可以說完全不使用電話做為溝通工具。若問公司內部沒有電話嗎？倒也不是。公司內不但有電話，而且是每張辦公桌上一台，全部電話號碼還都不一樣，可以直接打電話給辦公桌的主人。儘管如此，員工基本上都不使用電話，因不太感覺得到打電話的好處。

因為如果本人不在座位上，即使打電話也聯絡不到，而且要實際撥打才知道聯不聯絡得上。但如果是網路聊天室，就可以知道對方是否正在線上，如果不在線上也可以把找對方的用意先傳過去。亞馬遜的員工不論是在座位上或前往會議室的路上，基本上筆電都不離手，所以絕大多數時候透過網路聊天室比較容易聯絡上。

為什麼不使用電話呢？

我認為最主要的理由是：「強烈感覺占去彼此的時間。」打電話會讓對方停下手上的工作。然後要傳達自己找他的用意，提出某些要求。而我們既不願打斷別人的工作，也不希望自己的工作被人打斷。

若是電郵和網路聊天室，收信的一方可以自己決定要在何時、何地處理，因此可以妥善地利用空檔，就結果來看，彼此的工作都變得更有效率。

當然，非得立刻告知的情況就會打電話。這樣說來，電話是緊急性最高的工具。

亞馬遜的員工對電話確實會有「居然打電話來，可見事情非同小可」的感覺。

此外，對客戶，亞馬遜的員工也會打電話。但大部分的用途都是已透過電郵傳達事情，但因對方不常收信，為了保險起見才打電話確認之類的。

以上介紹了亞馬遜靈活運用電郵、網路聊天室和電話的情形，但我完全無意告訴各位亞馬遜的想法一定「正確」。因為不同的公司風氣和ＩＴ環境等會有不同的「正確答案」。

正如「採用網路聊天室等新工具就能更有效率地溝通嗎？」、「重新檢討電話等舊有工具的使用方式，可以讓溝通更有效率嗎？」，我的目的充其量只是提出值得大家想一想的建議。

1小時做完1天工作 ★36

從效率面重新檢討通訊工具的使用方式。

37 適當授權，把時間用來做最重要的事

在亞馬遜經常使用「delegation」一詞，用日語來說就是「授權」。

其反義詞之一不就是「獨占」嗎？就是「這是部長的工作，哪能交給課長去辦？」這樣的感覺。「你會做什麼？」、「如果是部長的話，我會……」的對話常被舉出來當作中途聘用面試的笑話，但部長不代表一種「能力」。會這樣回答的人，通常傾向於認為「這是〇〇才能做的事」，不太會放手。其深層心理似乎有種「放下這『既得權力』便會失去自己存在的價值」的恐懼和不安。

另一個反義詞是「獨自承擔」，就是「那傢伙還靠不住，交給他去辦還太早」這樣的感覺。其結果就是工作多到爆表——這是常見的光景。

★權力下放給「兩種人」

亞馬遜的員工完全沒有這樣的想法。因為他們認為盡可能將自己目前的工作釋放出去，全力投注於更高階的工作比較好。

如果是像亞馬遜這樣接二連三開啟新業務的企業，最先要把工作分派下去的是業務的主人（草擬構想的人）。各式各樣工作全集中在那人身上，若不能請別人分擔，那些工作一直攬在身上，就得全部自己包辦，最後就會爆掉。

我寫得好像自己很瀟灑，其實我進入亞馬遜後，也曾經差點爆掉。認為這個也必須做、那個也必須做，愈是這麼想就愈焦慮，覺得自己得設法解決才行，這正是「獨自承擔」的典型案例。那時因為有主管幫我出主意、提供協助，我才能把攬在身上的工作交派給其他同仁。

那麼，要授權給什麼人呢？答案有兩個。

1. 部下：承擔責任，也是成長的機會

不妨把目前手上的工作不斷交給部下，自己負責更接近經營的工作吧。這樣順利的交棒會帶來公司的成長。

而且，授權也是給部下成長的機會。

「只有職銜升級，實際權力和以前一樣的人。」

「職銜和以前一樣，但被賦予權力的人。」

這兩種人哪一個會成長呢？我認為絕對是後者。

把權力下放給部下非常簡單。只需要告訴當事人「我授權給你」，然後告訴有關人員「我已授權」。

這時，具有強烈「獨占」或「獨自承擔」想法的主管很容易犯的錯誤是，嘴巴說「你全部做一做吧」，但自己一直抓著權力不放。「我必須做全部的工作，還得凡事請示主管」的狀況會如何減損一個人對工作的熱情？——只要站在相反的立場想一想，答案就很明朗。

一旦授權，之後就交給部下負責。我想可以依據部下能力成長的狀況，以「我希望你定期向我報告進度」、「不知道該怎麼辦的話，希望你多多來問我」這樣的形式，訂出最低限度的原則，同時從頭到尾都站在協助的立場參與。

不過，如果核對目標和方向後發現有錯則需要導正，必須好好地告訴部下才行。遇到這種情況，我會利用一對一面談的場合告訴部下：「之前我請你負責這項工作，可是我覺得你的方向和我原本計畫的方向有點不同」，藉談話的過程慢慢導正。

主管與部下間的授權對彼此來說都是快樂的事。因為主管可以利用那時間做更高階的工作，部下則可以體驗到執行更大任務所帶來的充實感，進而成長。

2.電腦：不必靠人力就能完成

亞馬遜認為，電腦能做的事讓電腦做就好。例如：製作報告的圖表。亞馬遜的報告圖表非常簡單明瞭又美觀，但那並非有人花時間去製作，而是電腦根據資料庫的數字自動做成的。

今後被稱為「作業」的工作應該都會改由電腦執行吧。

而且在ＡＩ（人工智慧）發達之下，相信大部分人類現在從事的工作都會是「讓電腦做會做得更大量、更快速、更精確」的工作。

今後的時代，人類應當從事唯有人類能勝任、腦力的、充滿創造性的工作。

為此，像是計算、製作資料等現在「不必靠人力也能完成」的作業，就盡可能避免由人來做，並思考能夠自動化的機制和方法吧。否則恐怕一轉眼就會遭到ＡＩ時代淘汰。

1小時做完1天工作★37

授權給部下，自己、部下和公司都會成長。交給電腦去做，把時間用於其他的工作上。

38 省下五分鐘浪費，提高一％生產力

做為本章的總結，有件事我想告訴各位讀者。

那就是「只要縮短五分鐘就好」。

為什麼呢？因為只要每天省下五分鐘的浪費，工作的生產力就會提高一％。

對企業來說，生產力提高一％是非常優異的成果，我想這是各位職場人都非常理解的事，而那只要短短五分鐘的用心就能實現。

短短五分鐘就好——用非常簡單的計算就能求出這答案。

假設我們一天平均工作時間八小時，等於四百八十分鐘，五分鐘就相當於一％強。

當我們認真地思考要「提高效率！提高生產力！」，會不知道該從何處著手才好。

但只要重新檢討目前的做事方法，試著從中減少五分鐘的浪費，並實際執行，即可獲得一％這樣巨大的效果。

我們在工作時是不是有些時間在「不知不覺」中過去呢？

- 不知為何地上網瀏覽網頁……
- 楞楞地滑手機……
- 過了預定的結束時間也不在意地繼續開會……
- 無法專心製作資料地一直坐在桌子前……
- 一不小心就和同事聊起與工作毫無不相干的事而且聊很久……
- 在最後一刻趕到公司，氣喘吁吁，一時之間無法做事……

只要重新檢視現在的工作，任何人應該都能輕易地「刪去五分鐘」。

★思考顧客是為了什麼而掏錢購買？

我在第1章也提到，一項工作是不是無意義，應當用「顧客是否會因為那項工作而高高興興地掏錢購買」的角度來判斷。

讓我們用做菜來比喻，思考一下。

好看又好吃的糖心蛋作法如下：

①將一鍋水煮沸。把冰塊和水倒入大碗中。
②從冰箱取出雞蛋，放入熱水沸騰的鍋裡煮七分鐘。
③七分鐘過後舀出鍋子，放入冰水中浸泡一下。

現在，假設有顧客來買好看又好吃的糖心蛋，那他是為了①、②、③的哪一道步驟而樂意掏錢購買呢？

我感覺「放入熱水沸騰的鍋裡煮七分鐘。七分鐘過後舀出鍋子，放入冰水中浸泡一下」的步驟②和③與糖心蛋的製作直接相關，所以應該是為此而掏錢購買吧。而「裝一鍋水煮沸。把冰塊和水倒入大碗中」這部分，並不會讓對方樂意掏出錢來吧？

不必在顧客面前一次一次地裝水煮沸，讓鍋裡的熱水一直保持沸騰狀態就行了，對吧？也就是說，步驟①對顧客來說價值很低。

我在第 2 章（見第七七頁）也談過，換成用我們的工作，例如報告的製作程序來思考一下。

顧客也許會願意為「看報告，分析、判斷後，採取對贏得顧客滿意來說必要的行動」掏錢購買。因為它相當於製作好看又好吃的糖心蛋的步驟②和③。

但顧客應該不會認為「製作漂亮的圖表」具有掏錢購買的價值吧？因為它相當於好看又好吃的糖心蛋製作步驟①。那部分可以讓電腦去做，盡可能節省時間和精力。

如我開頭便一貫談的，亞馬遜唯一的目的就是「提高顧客的滿意度」。不限於亞馬遜，我想這也是所有企業、所有工作人都適用的普遍性目的。

快速、生產力、勞動方式改革……如果是在「顧客滿意度提升」的想法基礎上重新檢討工作的內容和方式，相信我們的工作生涯就不會筋疲力竭，而能過得具有創造性，且豐富多采。

1小時做完1天工作★38

重新檢視短短的五分鐘，即可為生產力帶來劇烈的影響。

結語
避免三分鐘熱度，闔上書馬上行動

現在全世界對亞馬遜的壓倒性成長，普遍傾向於某種意義上的負面解讀，有人說它是「破壞者」，有人說是「吞沒一切的威脅」。

果真是這樣嗎？我執筆寫作此書之際，回顧在亞馬遜服務的十五年，想了一想。

在其他企業看來，亞馬遜的成長速度確實異常，把它解讀成威脅的確無可厚非。如先前談到的，假使乘著F1賽車要從修理站匯入跑道，一定會覺得四周的車速快得驚人，甚至感到害怕吧。亞馬遜就是駕著F1賽車在奔馳，各位當然也有必要從一般轎車升級到F1賽車。也就是說，本書介紹的方法會讓它成為可能，在理解亞馬遜的速度上扮演重要的角色。

這次我介紹了各種方法，但這些畢竟只是手法或工具。最重要的是理解它們，在日常業務中實踐，然後漸漸建立習慣。

只是，有人順利建立起習慣，但同時也有人不順利，因為不知不覺間掉入巨大的陷阱。最主要的原因就是「三分鐘熱度」。看完本書時，相信各位一定會繃緊神經，準備要好好努力一番。湧上心頭的那股熱忱確實不假，可是往往三天後熱忱就淡去，經過一週之後又回復以前的自己，一個月後可能連本書的存在都忘得一乾二淨。

其實有方法可以防止這種情況發生，就是設計建立習慣的機制。

最容易建立習慣的是電郵的處理方法。比方說，當收到的電郵上註明需要回覆時，各位是立刻回覆？還是先關掉，等有時間時再連同其他信件一起回覆呢？如果是後者，請立刻改善。點開的信在回覆完之前都不能關掉，如果自己就能決定怎麼回覆就立刻回信，假使需要由第三者判斷，請馬上發信確認，光是這麼做就會使工作的效率顯著上升。

其他還有找伙伴的作法也很有效。請尋覓與你在工作效率提升上能同感共鳴的同事、主管或部下吧。

而且實踐本書介紹的手法後要互相報告結果。這時，你與同理者之間就會產生「想要互助合作一起成長」的情感。報告可以不必拘泥形式，一週一次左右，中午大家一起用餐互相報告就夠了。

一定要避免掉入「三分鐘熱度」的陷阱，闔上本書後就立刻開始行動吧！因為對各位來說，效率提升還只是 Day 1 —— 剛開始而已。

翻轉學 翻轉學系列 015

1 小時做完 1 天工作，亞馬遜怎麼辦到的？

亞馬遜創始主管公開內部超效解決問題、效率翻倍的速度加乘工作法

1 日のタスクが 1 時間で片づく　アマゾンのスピード仕事術

作　　者　佐藤將之
譯　　者　鍾嘉惠
總 編 輯　何玉美
主　　編　林俊安
校　　對　連秋香
封面設計　張天薪
內文排版　黃雅芬

出版發行　采實文化事業股份有限公司
行銷企劃　陳佩宜・黃于庭・馮羿勳・蔡雨庭
業務發行　張世明・林踏欣・林坤蓉・王貞玉
國際版權　王俐雯・林冠妤
印務採購　曾玉霞
會計行政　王雅蕙・李韶婉
法律顧問　第一國際法律事務所　余淑杏律師
電子信箱　acme@acmebook.com.tw
采實官網　www.acmebook.com.tw
采實臉書　www.facebook.com/acmebook01

I S B N　978-986-507-013-7
定　　價　330 元
初版一刷　2019 年 7 月
劃撥帳號　50148859
劃撥戶名　采實文化事業股份有限公司
104 台北市中山區南京東路二段 95 號 9 樓
電話：(02)2511-9798　傳真：(02)2571-3298

國家圖書館出版品預行編目資料

1 小時做完 1 天工作，亞馬遜怎麼辦到的？: 亞馬遜創始主管公開內部超效解決問題、效率翻倍的速度加乘工作法 / 佐藤將之著 ; 鍾嘉惠譯 . -- 初版 . – 台北市 : 采實文化 , 2019.07
256 面 ; 14.8×21 公分 . -- (翻轉學系列 ; 15)
譯自：1 日のタスクが 1 時間で片づくアマゾンのスピード仕事術
ISBN 978-986-507-013-7 (平裝)
1. 企業領導 2. 組織管理
494.2　　108007362

采實出版集團
ACME PUBLISHING GROUP

翻轉學

翻轉學

翻轉學

翻轉學